核火箭发动机反应堆

Nuclear Rocket Engine Reactor

[俄] 安纳利·兰宁（Anatoly Lanin） 著
蔡星会 吴宇际 王涛 卢江仁 译

国防工业出版社
·北京·

著作权合同登记　图字：01—2022—4580 号

内 容 简 介

核火箭发动机具有比冲高、推力大、工作寿命长等优点，是目前人类技术水平所能预见的下一代空间推进系统，也是载人深空探测等任务的理想动力。反应堆堆芯是核火箭发动机的核心部件，堆芯的研制也是核火箭研制过程的关键环节。

本书主要涵盖了核火箭发动机反应堆堆芯高温元件研制方面的理论和实践问题，介绍了核火箭反应堆的基本结构，核火箭燃料组件测试和试验方法，核火箭反应堆堆芯材料的结构特性、力学性能，燃料组件的抗辐射性能、承载能力，工质中材料的耐腐蚀性能等内容，并对核火箭发动机的研究和发展给出了意见和建议。

本书可供高等院校核科学与核技术专业、能源动力工程专业和材料科学与工程专业等研究生的参考教材，也可作为相关领域研究设计人员的参考用书。

图书在版编目 (CIP) 数据

核火箭发动机反应堆/(俄罗斯) 安纳利·兰宁 (Anatoly Lanin) 著；蔡星会等译. —北京：国防工业出版社，2023.8
书名原文：Nuclear Rocket Engine Reactor
ISBN 978-7-118-13026-3

Ⅰ. ①核… Ⅱ. ①安… ②蔡… Ⅲ. ①核火箭发动机 Ⅳ. ①V439

中国国家版本馆 CIP 数据核字 (2023) 第 118709 号

First published in English under the title
Nuclear Rocket Engine Reactor
by Anatoly Lanin
Copyright © Springer-Verlag Berlin Heidelberg, 2013
This edition has been translated and published under licence from Springer-Verlag GmbH, part of Springer Nature.

本书简体中文版由 Springer 授权国防工业出版社独家出版。版权所有，侵权必究

※

国防工业出版社 出版发行
(北京市海淀区紫竹院南路 23 号　邮政编码 100048)
北京虎彩文化传播有限公司印刷
新华书店经售
*
开本 880×1230　1/32　印张 $4\frac{1}{8}$　字数 102 千字
2023 年 8 月第 1 版第 1 次印刷　印数 1—1500 册　定价 80.00 元

(本书如有印装错误，我社负责调换)

国防书店：(010) 88540777　　书店传真：(010) 88540776
发行业务：(010) 88540717　　发行传真：(010) 88540762

译者序

核火箭发动机利用核反应堆替代化学火箭的燃烧室，并利用单组分的氢替代化学火箭的推进剂，具有比冲高、推力大、工作寿命长等优点，是目前人类技术水平所能预见的下一代空间推进系统，也是执行载人深空探测等任务的理想动力。美国和苏联是最早进行核火箭发动机研究的两个国家，在冷战期间进行了大量核火箭发动机的研究，取得了重大成就。后来出于政治和经济等原因，核火箭发动机的研究由大规模研发转入小规模研究阶段。进入21世纪，多数国家对于核火箭发动机研究的投入开始增加，美国和俄罗斯在这方面走在世界前列。虽然我国在核火箭发动机研究方面起步较晚，但在核反应堆技术研发方面也具有相当的优势，积累了一定的技术经验，这为我国核火箭发动机的研发打下了较好的基础。

本书内容主要涵盖了核火箭发动机反应堆堆芯高温元件研制方面的理论和实践问题。作者作为从苏联时期就开始从事核火箭发动机研究的技术人员，亲历了核火箭发动机研究方面的重要事件和进展，在本书中介绍了苏联核火箭发动机研究的背景、技术路线和相关成就。核火箭反应堆研究涉及物理学、辐射材料学、力学、热工学等多个学科，涵盖了反应堆设计、中子物理、流体动力学特性、反应堆安全等多个领域的问题，不可能在一本书中一一描述，因此作者在本书中主要集中分析核火箭反应堆高温固相燃料组件制造、材料特性、设计原则等方面的问题，详细描述了堆芯材料的热力学和结构特性，燃料组件的抗辐射性能、承载能力等，并对核火箭发动机的发展方向进行了分析。

  我国虽然对核反应堆的研究处于世界前列，但关于核火箭的研究还处于起始阶段，关于核火箭发动机材料方面的公开研究资料更是稀少，因此译者希望通过翻译并出版这本有关核火箭发动机反应堆的译著，给国内相关研究人员一些参考，为我国核火箭发动机的研究贡献一份力量。

前言

本书内容涵盖了高温核火箭发动机反应堆堆芯元件研制方面的理论和实践问题。基本上，解决这个问题要通过综合考虑元件的结构、性质和性能模式之间不可分割的相互关系。考虑到装置中所用的基于间隙相的材料，即碳化物、氮化物、氢化物材料的高脆性，重点研究堆芯元件在高温、高中子通量、高应力、强腐蚀性气体和超高温条件下的稳定性。为确保装置运行的最大可靠性，需要研究一系列新的包括研制反应堆之前和研制过程中所需的材料测试方法，以便确定大量性能参数，并对这些材料的结构形成机理进行深入研究。燃料元件（FE）形状简单，在极其苛刻的条件下运行时需要各个学科领域的专家参与到研发过程中，包括物理学、力学、热工学、反应堆学、辐射材料学、核燃料生产技术和结构材料学等学科。先进的三元间隙合金现象学和统计热力学理论、一系列修正的扩散控制（蠕变、烧结、焦化和腐蚀）规律促进了这些流程的科学呈现，因此这些理论在科学界已得到了广泛认可。毫无疑问，人们对在一定辐照中子通量的条件下，基于间隙相碳化物材料的辐照行为、间隙相燃料和结构材料承受载荷的能力也表现出了兴趣。

已出版的一些专著分析了热中子和快中子反应堆用燃料元件的研制和生产问题，但没有一本书能完整涵盖燃料组件（FA）和堆芯元件的研制问题。事实上，核火箭反应堆的研究成果发表在各种期刊或报刊上，查阅信息比较麻烦，这也就是撰写这本书的动机和原因。本书总结了高温固相核火箭反应堆燃料组件制造、材料特性、设计原则等问题，有关核火箭反应堆设计、中子物理和流体动力学特性等许多问题可参考《核火箭发动机》[1]一书。

  本书引用了"Luch"制造研究协会研究所RIPRA"Luch"参与核火箭发动机研发、制造和材料试验方面的许多科学研究人员和工程师的研究成果和工作[2]。有大量研究人员与作者分享了核火箭发动机方面的资料，有的并没有在书中列出来。许多曾积极工作的研究人员已经去世了，并没有及时公开出版他们的手稿，但我们应该对他们所做的工作表示感谢，比如Poltoratsky博士和理学博士L. B. Nezhevenko，他们利用碳化物和碳-石墨材料研制了燃料组件；再如材料学博士A. L. Epstein，他在材料结构方面、应用钇和锆的氢化物制造中子慢化剂方面做了大量工作。本人怀着感激的心情回忆起与他们的接触，激发了很多有创造性的想法。自1962年以来，本人有幸与曾经在RIPRA"Luch"工作过的众多研究人员进行了卓有成效的合作，主要从事核火箭发动机研制方面的工作。

  本人对R. A. Andrievsky教授审阅手稿和提出的建议表示感谢，并对A. P. Abramova工程师在书稿撰写格式规范方面提供的帮助表示感谢。

Anatoly Lanin

圣彼得堡

目录

第1章 核火箭发动机反应堆发展简介 …………………………………… 1

第2章 核火箭发动机反应堆设计 ………………………………………… 7

第3章 建模测试方法 ……………………………………………………… 21
  3.1 高温下材料强度测量设备 ……………………………………………… 22
  3.2 热试验方法 ……………………………………………………………… 24
  3.3 结构研究方法 …………………………………………………………… 29

第4章 反应堆堆芯材料 …………………………………………………… 30
  4.1 材料的热力学和结构特性 ……………………………………………… 31
      4.1.1 熔化温度和蒸发 …………………………………………………… 33
      4.1.2 扩散特征 …………………………………………………………… 35
  4.2 结构陶瓷材料的加工工艺 ……………………………………………… 37
  4.3 燃料和结构材料的力学性能 …………………………………………… 45
      4.3.1 不同加载方式下材料的强度 ……………………………………… 45
      4.3.2 结构参数对强度和断裂的影响 …………………………………… 50
      4.3.3 强度和蠕变的温度相关性 ………………………………………… 55

4.3.4　抗热应力 ·· 59
　4.4　隔热包层材料 ··· 64
　4.5　中子慢化剂的氢化物组成 ·································· 70
　4.6　提高陶瓷强度的方法 ·· 73

第 5 章　燃料组件元件的抗辐射性 ·································· 77
　5.1　石墨材料的辐射耐久性 ······································ 85
　5.2　慢化剂材料的辐射耐久性 ·································· 86

第 6 章　工作介质中材料的腐蚀 ····································· 87

第 7 章　燃料组件的承载能力 ·· 95
　7.1　热载体的断裂准则 ·· 95
　7.2　核火箭发动机燃料元件的运行条件 ······················ 99
　7.3　核火箭发动机燃料组件的试验 ···························· 101
　7.4　隔热包层的承载能力 ·· 108
　7.5　燃料元件承载格栅的承载能力 ···························· 109
　7.6　可能增加陶瓷承载力的方法 ······························ 110

第 8 章　核火箭发动机反应堆的展望 ······························ 112

参考文献 ··· 115

文中缩略词中英文对照

缩略词	全称	中文释意
AEI	Atomic Energy Institute	原子能研究所
AIAM	All Union Institute of Aviation Materials	航空材料研究所
ARIIM	All Union Research Institute of Inorganic Materials	无机材料研究所
BG	Bearing Grid	承载栅格
BNU	Bearing Nozzle Unit	承载管口单元
DLCA	Development Laboratory of Chemical Automation	化学自动化研发实验室
ETC	Experimental Technological Canal	试验工艺管道
FA	Fuel Assembly	燃料组件
HIP	Heat Insulating Packet	隔热包层
HRA	Heat Releasing Assembly	释热组件
HS	Heating Sections	加热段
IHT	Institute of High Temperature	高温研究所
ITER	International Thermonuclear Experimental Reactor	国际热核试验堆
IVG-1	Research high temperature gas cooled reactor IVG-1	高温气冷试验堆 IVG-1
LDP	Low Density Pyrographite	低密度热解石墨

续表

缩略词	全称	中文释意
LRE	Liquid Rocket Engine	液态推进火箭发动机
NRE	Nuclear Rocket Engine	核火箭发动机
NRER	Nuclear Rocket Engine Reactor	核火箭发动机反应堆
NFA	Nuclear Fuel Assemble	核燃料组件
NPI	Nuclear Power Installation	核能装置
NEPI	Nuclear Engine Power Installation	核能发动机装置
PEI	Physical Energy Institute	物理能源研究所
PGV	Pyrographite	热解石墨
RDIET	Research and Development Institute of Energy Technology	能量技术研究所
RIHRE "Luch"	Research Institute of Heat Releasing Elements "Luch"	"Luch" 燃料元件研究所
RIPRA "Luch"	Research Institute of Production Research Association "Luch"	"Luch" 制造研究协会研究所
RITM	Research Institute of Test Machine	试验机械研究所
RITP	Research Institute of Thermal Processes	热处理研究所
SIAC	State Institute of Applied Chemistry	国家应用化学研究所
TC	Technological Canal	工艺管道
TEC	Thermoelectric Converter	热电转换器
TEND	Thermal–Electric Neutron Detectors	热电中子探测器
TSR	Thermal Stress Resistance	抗热应力

第 1 章
核火箭发动机反应堆发展简介

20 世纪 50 年代末，苏联核能动力工程高速发展，达到了较高科技水平。这为新型固定式和移动式的核能反应堆和核设施，尤其是以太空探索为目的的核能火箭发动机（NRE）和小型核-电能量转换设备[1-2]的建造，提供了客观上的技术准备。

苏联核火箭发动机的研究起源于 1955 年，当时为了对抗美国的核火箭发动机项目"漫游者计划"（图 1.1），并进一步加强苏联的防御能力，I. V. Kurchatov 和 S. P. Korolev 讨论研制一台装备核发动机的火箭的可能性。

1956 年和 1958 年，苏联签署了两项政府法案[2]，旨在为制造核火箭发动机开展相关研究工作进行准备。在这一阶段，苏联启动了装配基地的概要设计工作，建立该基地是为进行核火箭发动机的测试工作。苏联还开始了材料技术方面的调研工作。第一研究所（现称为热处理研究所，缩写为 RITP）开始了热交换和流体动力学方面的研究。物理能源研究所（PEI）和原子能研究所（AEI）也在进行中子物理和反应堆控制领域的研究。第九研究所（现称为无机材料研究所，ARIIM）进行了耐火材料与燃料元件的（HREs）的技术开发工

图 1.1 从左至右：苏联科学院院士、弹道导弹的主要设计者 S. P. Korolev，核能研究的主要主管 I. V. Kurchatov，苏联科学院院长 M. V. Keldysh

作。20 世纪 60 年代，航空材料研究所（AIAM）、国家应用化学研究所（SIAC）、高温研究所（IHT）、石墨研究所和列宁格勒技术研究所等也陆续开始了基于过渡金属碳化物和气体介质中石墨相关问题的部分研究，为核火箭发动机材料选型方面做准备工作。

1957 年，研究热处理的人员提出了一项在电热和等离子体台架上精炼核火箭反应堆元件单元的原则，这缩小了反应堆测试的范围。研究人员考虑了不同的核火箭发动机方案，最简单的核火箭发动机是用一个固态堆芯（称为 A 方案）来产生 450s 的推力，而装备一台气相反应堆（B 方案）的核火箭可以产生 2000s 的特定推力。鉴于后者在建造过程中所面临的问题，即利用燃料组件耐高温内壁约束铀等离子体的问题，要比 A 方案的问题更为严重，研究人员决定先实施 A 方案（而与 B 方案有关的工作则作为研究继续进行）。

有两个团队积极参与了首批核火箭发动机的研发。第一个团队研究基于地面的 IVG-1（高温气冷研究）反应堆，这是一个飞行版核火箭发动机的原型机，由 N. A. Dollezhal 领导的能源技术研究所

(RDIET) 和 N. N. Ponomarev-Stepnoi 领导的原子能研究所（AEI）进行研发。第二个团队研发基于地面的 IR-100 发动机，主要由 RITP 的首席科学家 V. M. Ievlev，沃罗涅什化学自动化研发实验室（DLCA）的发动机首席设计师 A. D. Konopatov 和奥布宁斯克物理能源研究所（PEI）反应堆科学主任 V. Ya. Pupko 共同领导。

  第一个碳基燃料元件是由第九研究所提出概念并研制成功的。核火箭发动机研究的进展需要制造大量的燃料元件为燃料组件试验做准备。1962 年 8 月，苏联中型机械制造部决定新成立燃料元件研究所[RIHRE，就是现在的"Luch"制造研究协会（RPA）]，这是一个联邦国有企业（FSUE），该研究所下设一个实验工厂，为快速研发、合成和制造新型核燃料和燃料元件提供了技术可行性[2]。在执行这项决定之前，1959 年 12 月 30 日，苏联政府还作出了一个非常重要的决议，得出了不适宜进一步发展军用核燃料弹道式火箭（由于化学燃料发动机方面取得的进步）及必须继续为太空发射器研发核火箭的结论。

  核火箭发动机研发人员面临的基本挑战是防止陶瓷活性堆芯的损伤，尤其是防止热应力导致的燃料元件损伤。众所周知，热应力与能量释放密度、材料弹性模量、线膨胀系数和装置特征横截面尺寸的平方成正比。能量释放不能大幅减少，因为这种能量释放减少将导致带防护的反应堆重量增加，并将核火箭发动机的优势降至最低。可以通过减小释热元件特征尺寸的方法来降低热应力，但是，元件如果过小又会由于振动应力而严重损坏，而振动应力在火箭发动机中是非常突出的问题。在这种情况下，燃料元件的极限特征横截面尺寸一般为 2~3mm。碳化物燃料元件的另一种替代品是石墨。石墨具有独特的耐热强度，它的弹性模量几乎比碳化物小两个数量级。然而，石墨的一个重大缺陷是它与氢的相互作用非常活跃（有得必有失）。

  与美国科学家不同，苏联研究人员开发核火箭发动机燃料元件用的并不是石墨材料。石墨虽具有热稳定性,但在氢介质中并不稳定。因此他们用碳化物作燃料元件,碳化物虽然较脆,但在氢介质[2]中却更稳定。苏联科学家在许多科学领域的研究超过了其他国家科学家的研究。因而核火箭发动机的研究并没有盲目地复制"国外"模式,而是批判性地分析前人的经验。苏联研究人员认为,避免燃料元件与氢相互作用更困难,还不如使其具备可接受的耐热强度(结果证明他们是正确的)。虽然苏联也开发了石墨燃料元件,但它们是被当作备用品的。

1962—1969年,在RIPRA主任M. V. Yakutovich(图1.2)的监管下,成立了材料技术、工艺、理论研究和测试部门,以便解决以下问题[2]:

(1)为核火箭发动机选择核燃料和制造材料;

(2)进行如何利用这些材料制造设备的相关技术基础研究;

(3)堆芯元件效能模型的构建、计算和实验验证,准备项目文件和组织半商业化生产。

图1.2 RIPRA "Luch" 主任,科学博士,多项国家奖得主 M. V. Yakutovich
(1902年08月10日—1988年6月29日)

研究人员最终通过系统的、复杂的方法成功地解决了这些问题。从详细地对这些设备的操作条件进行理论评估、对实现材料性能所需技术进行研究，到形成工艺技术材料，这些工作是以技术链的形式和试验厂家共同进行的。在位于塞米巴拉金斯克地区的"贝加尔湖"-1核试验场，这些装置的试验和测试样品在 IVG 反应堆中进行了热、水力和能源测试。"贝加尔湖"-1核试验场距离有人居住的库尔查托夫镇 70km，距离塞米巴拉金斯克-21 镇 150km（图 1.3）。

图 1.3　位于哈萨克斯坦额尔齐斯河上的塞米巴拉金斯克-21 镇，后称为库尔查托夫

本书描述了 1962—1991 年，"Luch"制造研究协会研究所核火箭发动机堆芯元件材料技术研发的历程。由于核火箭发动机相关研究成果分散在大量期刊或专门论文集中，不易获取，我们在本书中只讨论了材料的特性和核火箭发动机堆芯元件效能等方面的问题。

显然，本书所涵盖问题的范围是有限的。例如，本书不讨论有关核火箭发动机设计、辐射和热防护方面的问题，也不涉及反应堆中子物理和水动力特性的问题。这些问题在 2001 年出版的《核火箭发动机》一书中已经有了部分论述。

由于结构中使用的以间隙相（碳化物和氢化物）为基础的材料具有很高的脆性，因此制造能够在高热通量、高中子通量、大应力、强腐蚀性气体介质中和超高温作用下稳定工作的活性堆芯元件备受关注。各种各样的工作参数要求开发一些新的研究堆物理-力学方法，用于 RIPRA "Luch"进行的材料测试。在 RIPRA "Luch"还进行了基于间隙相的燃料和结构材料中扩散控制过程（蠕变、腐蚀和辐射）的研究。

从 1976 年开始，核火箭发动机燃料组件在 IVG-1 反应堆中开始进行测试。IVG-1 反应堆就是用来解决堆芯元件问题的。后来，还建造了一个台架，用于测试 IR-100 反应堆的"发动机"版本，该反应堆在不同功率下测试了数年，然后被转换成一个用于材料技术研究的低功率反应堆，至今仍运行良好。

苏联核火箭发动机项目在 20 世纪 60 年代初形成的主要成果是：证明在最大参数值条件下，采用氢加热核火箭发动机陶瓷活性区在技术和试验方面是可行的。其中，氢加热最高温度为 3100K；燃料功率密度为 35MW/L；试验持续时间为 4000s；燃料元件的最大加热/冷却速率为 400/1000K/s。

RIPRA "Luch"多年来研究获得了大量成果，构建了难熔化合物性质、变形和破坏的相关机制，形成了不同工作参数下反应堆燃料和结构特性方面的科学知识体系。RIPRA "Luch" 的许多研究成果已经在国际会议、研讨会和展览会上得以展示。已经有一批科学人才得以成长，超过 30 多名科研人员获得了科学博士学位，在高温材料及其应用方面完成了 200 多篇博士学位论文，出版了几十部学术专著和几百篇科技论文。一些研究人员成为苏联国家奖项和政府奖项的获得者，并获得荣誉科学家、荣誉技术人员和荣誉发明家等头衔。

核火箭发动机项目开始于半个世纪之前，当时由于苏联和美国之间的政治问题及冷战，该项目得以优先发展。然而，在 20 世纪 90 年代，该项目却因苏联财政支持终止而暂停。

第 2 章
核火箭发动机反应堆设计

核火箭发动机的概念很简单，它使用核反应堆而不是燃烧室来加热从超声速喷管中喷出的气体以产生推力。火箭发动机的效率是由喷管喷出气体的速率决定的，该速率与气体分子量的平方根成反比。氢气的质量最小（分子量为2），当加热到3000K时，氢气的喷射速率是液态推进火箭发动机中最好化学燃料的两倍多（液态推进火箭发动机燃烧产物的平均分子量都超过了10）。这是核火箭发动机的一个优点，它可以通过加热纯氢产生推力。发动机效率通常用比推力代替喷射率来表示，比推力等于传递给火箭发动机的动量与工质质量流量的比值（比推力也被定义为推力与燃料质量流量的比率，在这种情况下以秒为单位测量）。根据计算，比推力在850~4400s范围内，装备了核火箭发动机的轨道间航天器从绕地轨道向地球同步轨道运载的质量比装备液态化学燃料推进火箭发动机的航天器大3倍。

除了上述重要的优点，核火箭发动机也有不少缺点。主要缺点如下：首先，核火箭发动机反应堆比液态化学燃料推进火箭发动机的燃烧室重得多；其次，反应堆是一个高功率辐射源，需要进行辐射屏蔽，这使得发动机更重，操作也变得相当复杂。高温下氢的稳定性要求和中子物理方面的限制大大降低了可用于制造高温条件下工作的燃料元件和组件的材料方面的选择性。由于核火箭发动机是一个在空中运行的反应堆，它应该足够轻。因此，核反应堆应具有非常高的能量密度，比地面能源反应堆的能量密度高出几个数量级[1,4]。

在燃料组件的制造过程中，提出了脆性硬质合金材料使用的一些重要原则。燃料组件应该由功能独立的单元组成，即使它的一些单元被损坏，也应保持可运行状态。每个单元都是一个技术独立的组合体，在将其安装到组件内时，不需要与相邻单元进行复杂的连接。

这种功能性、技术性装配燃料组件方案大大缩短了试验研究时间，降低了单元成本，统一了组件制造的质量控制，提高了对其效率的预测精度，并提供了对负载的最大稳定性。非均质核火箭发动机中第一代燃料组件的基本结构如图 2.1 所示，在燃料组件外壳的上部有序地放置了一组陶瓷元件，它们之间互不连接。在 RDIET 中开发的燃料组件下部包含工质的输入通道（冷清洗阶段为氢或氮）。

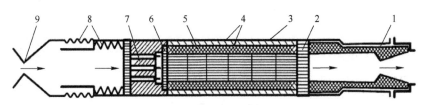

图 2.1　燃料组件主要构成

1—喷嘴单元；2—承力栅格；3—铍钢双层包壳；4—隔热包层；5—加热单元；
6—输入栅格；7—末端反射体；8—热膨胀补偿单元；9—节流口。

IVG-1 反应堆是一个非均相气冷反应堆（图 2.2），也是为核火箭发动机运行参数条件下[4]进行燃料组件设计而建造的，用水作慢化剂，安装了铍反射体。

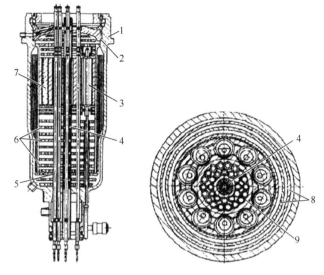

图2.2 IVG-1反应堆轴向截面和横向截面

1—反应堆容器；2—顶盖；3—功率控制鼓；4—中心通道；5—工艺通道；
6—生物保护单元；7—反射体；8—屏蔽层；9—中心组件。

该反应堆主要由固定部件和可拆卸部件两部分组成。固定部件包括反应堆容器，顶盖，功率控制鼓，生物保护单元、反射体和屏蔽层。可拆卸部件为中心组件。中心组件包括30个工艺通道和1个中心通道。试验用燃料组件既可以放置在工艺通道内也可以放置在中心通道内，由于通道周围铍反射层的影响，那里的热中子通量是其横截面平均值的两倍。因此，试验用燃料组件安装在中心管道将承受额外强加（最大到破坏程度）的载荷。实验用核火箭发动机原型机采用水而不是氢化锆作为其慢化剂，扩大了反应堆试验的可能范围，这样可以在反应堆建造没有完成的情况下替换试验单元，提高反应堆运行的可靠性（图2.3）。

燃料元件位于燃料组件加热单元里，直径为29.7mm，长度为600mm（图2.4（a））。加热段（HS）共分为6个部段，每个部段包含151个扭曲四棱燃料元件和12个半圆柱形填料。燃料元件和填料被紧

图 2.3 核试验场"贝加尔湖"-1，IVG-1 反应堆启动前拆除盖子

密地排列在一个三角形的格子中。燃料元件沿着轴向扭曲，其相对直径为 2.2mm，扭曲段厚度为 1.24mm，扭转步长为 30mm（图 2.4（b））。

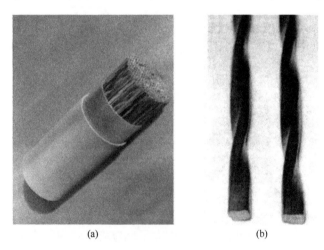

图 2.4 （a）燃料单元和（b）扭曲四棱燃料元件（直径 2.2mm）的照片

燃料元件中具体的热能释放量和温度沿燃料组件长度方向的分布是不均匀的，最大值在燃料组件中心部位第三加热部段，而氢介质温度沿喷嘴出口方向单调增加（图 2.5）。

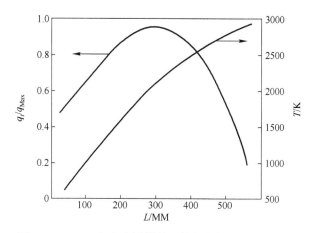

图 2.5　q_i/q_{max} 与温度沿燃料组件长度方向的变化曲线

加热段用于将工质加热到指定的温度。从工质进入燃料组件的入口开始,前四个加热段燃料组件的燃料元件是由双组分碳化石墨制成的;最后两个加热段包含的燃料元件是由三组分(ZrC+NbC+UC)材料制成的。每个加热段都是由三种燃料元件组成的,每种燃料元件铀的含量各自不同,位于三个区域。通过分析铀装料量,得到了加热段横截面上的温度场分布[3]。用数值仿真的方法得到了稳态工况下四棱燃料元件主应力 σ_1 和 σ_2 的计算公式。

数值因子的具体值与热交换条件 $B_i=0.25$ 相对应,括号内的值对应于 $B_i=3.5$(考虑了这些参数的变化范围);泊松比 v 为 0.2,α-a 为线性扩展系数,e 为杨氏模量。$B_i=\alpha_t D/\lambda$,其中 α_t 为对流换热系数,D 为燃料元件直径。

在高温下,热应力会由于应力松弛而发生变化。燃料元件和外壳的热应力松弛现象尤其强烈。热应力松弛的计算通常只考虑与实验相关的非定常蠕变:$d\varepsilon_x/dt=B(t)\sigma_{xm}$。

由表 2.1 可以看出,拉应力 $\sigma_{\varphi\varphi}$ 和 σ_{zz} 在燃料元件的冷却表面上是不相等的,在相同的热条件下,B、C 两点的最大值比相同直径的圆棒要小。实际上,对于公式 $\alpha E q_v R_2/(\lambda(1-v)\sigma_{zz})$,圆柱系数等于

0.125，而四棱燃料棒 B 点的 σ_{zz} 比圆柱体要小，等于 0.108 或 0.088，具体取决于 B_i 的值（13.6%或 29.6%）。

表 2.1 稳态运行状态四棱燃料元件横截面主应力 σ_1 和 σ_2 的计算公式

燃料元件横截面形状	危险点	σ_1	σ_2
	A	$\sigma_z = 0.022(0.019)\dfrac{\alpha E_{qv}D^2}{(1-v)\lambda}$	$\sigma_\varphi = 0.015\dfrac{\alpha E_{qv}D^2}{(1-v)\lambda}$
	B	$\sigma_z = 0.027(0.019)\dfrac{\alpha E_{qv}D^2}{(1-v)\lambda}$	0
	C	$\sigma_x = 0.026\dfrac{\alpha E_{qv}D^2}{(1-v)\lambda}$	$\sigma_z = 0.011(0.014)\dfrac{\alpha E_{qv}D^2}{(1-v)\lambda}$
	D	$\sigma_x + \sigma_y = -0.014\dfrac{\alpha E_{qv}D^2}{(1-v)\lambda}$	

对于一维问题，考虑弹性变形和蠕变应变时，变形与应力之间的关系为 $d\varepsilon_x/dt = B(t)\sigma_{xm} + (1/E)d\sigma_x/dt$，其中 E 为杨氏模量。

非线性热蠕变问题一般用数值仿真方法进行计算。释热量 q_v 在 3s 内线性递增至 20W/mm^3，此后恒功率下持续加热 10s（图 2.6），在此条件下，对 ZrC 空心圆柱的受热情况进行了计算。在第 5 章中给出了相关性能计算数据：导热系数、线性膨胀系数、模量和蠕变速度。

在燃料组件研发的初始阶段，我们考虑了不同类型的燃料元件，特别是球形燃料元件[4-5]。由于球形燃料元件系统对冷却气体流动有很高的水力阻力，因此长杆形燃料元件成了首选。在最后阶段，从几种不同形状的圆柱形燃料元件组合中选择了四棱扭曲燃料元件（图 2.7（a）~（c））。为了降低温度应力，还给出了双绞、三绞甚至多绞碳化物线形燃料元件（图 2.7（d）~（e））。在特殊的地方放置一个球形燃料元件可以将温度应力降至最低，与其他形状的燃料元件相比，它上面的涂层可以保持得更好。具有一定温度应力的圆柱形燃料

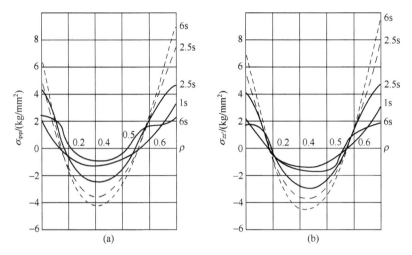

图 2.6 （a）空心圆柱体壁厚处周向应力和（b）轴向应力的分布。
虚线表示弹性热应力，实线表示考虑了松弛后的应力[6]

元件排在球形燃料元件后面，正是这一特性引出了"棱形燃料元件"的创新想法。

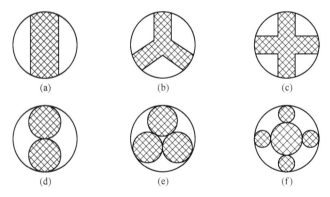

图 2.7 各种燃料元件的截面图

设计燃料元件可以采用多种标准。例如，在设定对流换热系数下的最小水力阻力标准，在设定最大燃料元件温度下的最大燃气加热温度标准，以及工艺方面的原因。

由两根直径相同的燃料细棒固定在一起的燃料元件,与四棱燃料棒一样,具有较小的温度特性和更好的热量释放特性。然而,由于燃料细棒之间的密封强度比较小,在组装作业过程中燃料细棒很可能已经被破坏,因此这种细燃料棒结构并没有得到应用。由于单根燃料细棒有断裂破坏的危险,因此,不再对这种细棒结构进行改造。与图 2.7(c)中的结构[5]相比,四棱绞结燃料元件结构尽管具有最差的热特性,但具有最好的断裂特性,不会形成小的碎片,因此得到了应用。

通过分布式、模块化的集热管道结构(图 2.8),燃料组件中换热剂在径向上也产生流动。传热剂的径向流动速度与轴向相比要小一个量级,在尺寸为毫米甚至更小的球形燃料元件上形成一个热反应面。这种球形元件具有最大的热阻,它们的外形具有更好的表面散热性,从装配 1000kN 大推力核火箭发动机的角度看,球形元件有着非常好的应用前景。由于径向氢气流流动条件实现了壁冷(通过吹入冷却介质经过多孔壁实现冷却),燃料组件壳体的隔热不再是问题。这种结构的根本性问题在于以下几个方面:一是工质径向流动时伴随的环流,而球形燃料元件的无规则布设导致环流设计目前还没有更新的进展;二是给定工质沿着燃料组件流动的保持;三是还没有可靠的模块化集热管道的热壁设计。

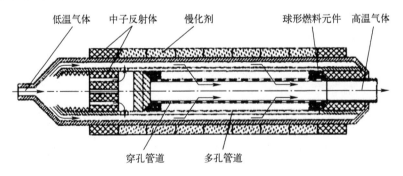

图 2.8 燃料组件内工质径向流动示意图

在20世纪70年代末和80年代初，RITP和RDIET开发一种多模系统[3-4]。该系统能够产生喷气推力和电力，为航天器的生命维持系统提供能源。除了主核推进模式外，核火箭发动机还将以两种模式运行：一是低功率模式（LPM），可延长运行时间（数年）；二是高功率模式（HPM），占推进模式下使用寿命的1/2。高功率模式对反应堆来说没有特别的问题。在低功率模式下，换热剂只在核燃料组件壳体外进行循环，来自燃料棒的热量通过隔热层辐射传递到壳体。这种模式与推进模式有很大的不同，前者在核燃料组件半径方向上具有相当大的温度梯度和铀燃耗（最小3%~5%）。因此，核燃料组件的结构件和燃料棒在这种条件下的适用性需要进一步研究。首先，在周围环境是2000K的高真空，或2000K温度0.1~0.2bar压力含氢工质条件下，燃料棒的设计和加工技术应保证裂变产物在燃料棒内能滞留数年。

核火箭发动机的研发计划始于大约50年前，最初是基于苏联和美国之间进行冷战政治目标的优先考虑，在20世纪90年代初由于苏联停止资助这些工程而暂停。

隔热包层（HIP）保护外壳免受工质的热作用，其构造特征是多层分段结构，最大限度地减少了穿透裂纹（直到外壳）产生的可能性，并允许根据其长度和厚度改变隔热包层材料组成。隔热包层的外层壳体是由热解石墨制成的，具备隔热性能，并与外壳产生"软"接触，便于结构的装配，最大限度地减少隔热包层对外壳体的磨蚀作用。内层壳体是薄层碳化物-石墨圆柱体。低温区以碳化锆为基体，高温区以碳化铌为基体。这些壳体作为燃料组件的支撑框架，可以防止隔热元件碎片进入加热段的管道。这些壳体还确保了加热段的装配以及将它们安装到一个隔热包层内，减少工质流动对隔热段的侵蚀和化学作用。在热解石墨壳体与外壳之间设置低密度热解石墨和多孔碳化锆、碳化铌材料制成的套管。低密度热解石墨套管位于低温区（$T=1500~2000K$）。在更高的温度下，在第一版结构中，由石墨基体中的碳化物层组成所谓的成层套管。在第二版结构中，它们被多孔锆和碳化铌制成的套管所取代。

因为冷却管道内的热流密度最大 $q_s \leqslant (2/2.5)\mathrm{MW/m^2}$，内壳体表面最高温度为 3000K，隔热层应确保管道的外层金属壳体不超过 760K，这意味着在 $T=1500\mathrm{K}$ 的条件下，隔热层的有效热传导不应超过 $3\mathrm{W/(m \cdot K)}$。

隔热层厚度上的温度分布是由壳体之间的间隙中的分子运动、对流、辐射和接触热阻四种传热机制决定的。传热取决于间隙内气体成分和压力、间隙宽度、壁面温度和壁面间隙偏心[7]。对两种隔热包层设计的估算表明（图2.9），套管壁面之间的间隙对传热影响最大。

承载喷管单元（BNU）支撑着释热段，并部分支撑隔热包层。所有由压降产生的轴向应力都通过该单元沿着高温燃料组件通道传递到外壳。此外，特定参数的工质还通过承载喷管单元喷出。为尽量减少裂纹效应出现的可能影响，承载喷管单元由几个部段组成。它包含一个承载栅格（BG）、一个承载槽（BS）和一个喷嘴单元。承载栅格是由等摩尔的 ZrC 和 NbC 碳化物溶液烧结而成的四棱杆状单元。为了增加导流面积并提供一个圆柱形表面，分段面与杆单元的侧面相连接。承载槽由三个连续排列的嵌入件组成，嵌入件由碳化物-石墨制成，并有碳化物保护层。喷嘴是由一套锥形碳化物-石墨嵌入件制成的。

输入单元的作用是在释热段输入处产生一个均匀的气流速度场，产生一个中子通量屏蔽面，对释热段、隔热包层和承载喷管单元的热膨胀进行补偿，并跟踪用于测量工质参数的脉冲管和热电偶。输入单元包括用于补偿温度膨胀的弹簧、一个热解石墨外壳、一个作为承载装置内表面的铍杯、一个气体进口、一个由高通栅格和四行栅格组成的输入栅格。

在高压降下工作燃料组件的受力元件，尤其是焊接部位，是由比强度高、抗辐射能力强、氢脆率低的氢兼容材料制成的。IVG-1反

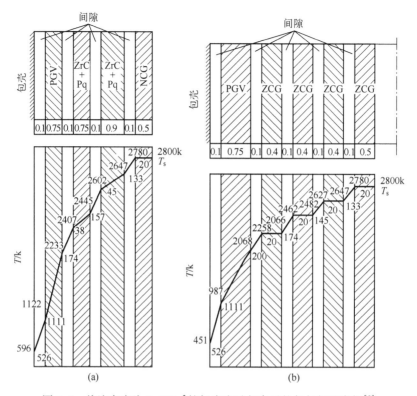

图 2.9 热流密度为 2.6W/m² 的气流流过包壳后的氢气氙温度场[8]
(a) 由 ZrC+Pq 薄片制成双层壳体的四层结构包壳；
(b) 基于三层 ZrC+C 壳体的五层结构包壳（PGV 热解石墨型，
NCG 铌基碳石墨，ZCG 锆基碳石墨）。

应堆燃料组件活性核心区的金属外壳为 AMG-5 铝合金，其他区域为 18-10 钢。IR-100 反应堆的燃料组件壳体为两层，飞行时承受的外压为 10MPa 级。内层为铍制成的衬垫，保证了外壳的稳定性；外层为一个薄钢夹套，保证了燃料组件的密封性。

在迄今已开发和提出的氢化锆慢化剂装置中，最简单的慢化剂装置是由一套垂直的 13 个多孔的氢化锆圆盘组成的。这些圆盘彼此紧密相邻，直径与反应堆堆芯相等，每个圆盘厚度为 50mm。该圆盘上有37个大孔，孔直径为41mm，用于燃料组件通过，还有372个小孔，孔直径为3mm，用于氢冷却剂流动，并保持圆盘所需要的温度场。这种结构为能量释放高达1MW/cm的慢化剂冷却系统配置提供了一种简单的解决方案（图2.10）。

图2.10 氢化物中子慢化剂模块

圆盘的大部分热应力在其平均横截面上。反应堆设计的最大温降约为200K。在平面应力变形条件下的二维热弹性问题中，定义了慢化材料的应力变形条件。在直径为3mm的冷却通道表面，表面温度$T_s = 475 \sim 513K$，最大应力$\sigma_\varphi = 80.5 \text{MPa}$[9]。

这里给出了能降低应力的慢化剂模块备选项。除圆盘状设计外，还提出了氢化锆棒状慢化剂的回路方案[4]，从热应力强度的角度来看这种方案更为理想。这样的慢化装置由环形布置的杆组成，这种结构具有以下特点：

（1）形成一个慢化剂活性区剖面，提高反应堆效率；

（2）提高元件的热应力强度，减小慢化材料区尺寸；

（3）动态载荷能量在活动区域空间中形成有规律的分布。

核反应堆反射块由12个部分组成，形成一个空心圆柱体，每一部分都包含一个带控制棒的复合筒，反射材料是铍。

反射块内稳态温度条件在$\tau = 24s$后达到。最大应力在$\tau = 5s$时刻达到，且平均超过稳态应力3倍以上；它们在$\tau = 5s$处的值，$\sigma_{\theta\text{Max}} =$

50MPa，$\sigma_{\theta\min}$=−120MPa。反射块构件极限强度安全系数为3，满足规范文件要求。

核火箭发动机的基本参数包括燃料组件内工质的温度、中子通量、平均压力水平和压力脉动。地面IVG原型机[10]中的测量系统提供对燃料组件工作过程的可靠控制，并确保测试过程中对燃料组件参数的装定进行自动紧急保护。每个燃料组件中，在第三个加热段结束时进行了两次气体温度测量，第一次是测量承载栅格（BG）后面的气体压力，第二次是测量加热段（HS）中间容器的温度。在燃料组件中，加热段一个截面的工质温度是由2~5个带状热电转换器（TECs）控制的。带状热电转换器是钨铼合金制成的，用于测量径向不均匀的温度分布。一般来说，测量的不精确度是几个因素的函数，如接合点的热物理性质、冷却剂流的中子通量、温度、速度和压力。已开展的复杂的计量研究[11-13]，这使得制造几个热电偶装置就能确保控制燃料组件测试的热模式（图2.11）成为可能。

图2.11 测量IVG-1下部压力和中子通量的工质输入通道和通信系统

控制台式热电转换器的测量误差为2.5%，而天线式热电转换器的测量误差最小，不高于1.9%；同时，后一种装置在测试期间的耐久性只有几秒。直径不超过2mm的小型热电中子探测器（TEND）已被成功地用于在核火箭发动机活性区的不同区域和高度上探测热中子通量密度分布。这种探测器不需要外部电源,并且它们对反应堆辐射条件下的隔离电阻值不敏感。耐久辐射试验证实,在热中子通量为 $2\times10^{21}/cm^2$ 时,热电中子探测器具有长期可操作性。氢气在燃料组件出口和射流入口处的压力和温度决定了发动机的主要参数、推力和比冲量。

多模核火箭发动机燃料元件在低功率区间(LPR)的工作能力研究始于 1987 年初[10]的 RA 反应堆设计中,RA 反应堆是在反应堆 IRGIT 3 号基础上重建的,能够连续工作很长时间(几个月),用于研发各种燃料元件的几何形状和成分(图 2.12)。

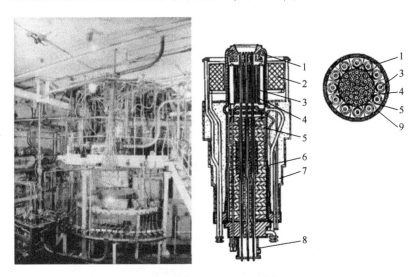

图 2.12 功率为 0.5MW 试验堆 RA

1—壳体直径 586mm,高度 700mm;2—附加石墨反射块;3—调节筒;4—慢化剂模块;5—填充了燃料的安瓿;6—技术控制台;7—调整装置;8—壳体;9—导流装置。

第3章
建模测试方法

燃料组件部件单元模型测试和计算是技术项目开发阶段进行建造实验验证的主要工具。实验是在实验室条件下用元件单元的模拟样品进行的。这些研究的一个具体特点是单独施加不同行为条件的影响，用叠加原理对复合作用进行了分阶段交替试验估计。由于模拟自然运行条件的复杂性，该方法在燃料组件搭建施工的情况下是可以被接受的。在高温测试装置上获得的结果可以进一步优化设计，相关技术解决方案可在燃料组件研发中应用。

在核火箭发动机研发初期，由于缺乏关于材料物理和力学性能充分的、完整的信息，特别是在高温下，评估核火箭发动机堆芯建造单元的效率是困难的。有必要在实验室研究和研究堆试验中验证设计和技术解决方案的正确性。为解决这些问题，研究人员在 RIHRE 准备了一套实验设备，其中一些仪器是独特和唯一的。在 300~3000K 的宽温度范围内研究耐火陶瓷材料测试方法过程中，遇到了与这些材料的特殊性能有关的一些困难。

碳化物、氮化物和其他耐火材料高硬度和高脆性的特点使它们的加工比较复杂，这就排除了使用复杂形状大样品的选项，因为制造它们会受到技术限制。这些材料在空气中加热时具有易氧化性，因此必须在真空或惰性介质中进行测试，才能防止样品与加热材料之间可能发生的相互作用。

出于以上原因，不能使用测试金属的标准装置，有必要开发或改进一种高温装置结构，以满足上述要求。

3.1 高温下材料强度测量设备

为了测量陶瓷材料在弯曲、压缩、拉伸和蠕变过程中的强度和塑性，以及在惰性气体或真空中高达 3000K 高温下的耐久极限，研究人员研发了一种特殊装置（图3.1）。

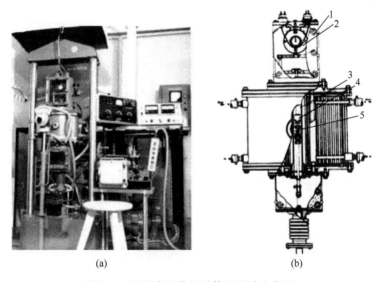

图 3.1　通用高温装置总体和设计方案图
（a）通用高温装置 UHTI-1 在氩气环境中，温度最高 3200K 条件下，力学试验的总体图；
（b）加热室和加载装置设计方案。
1—测量室；2—测功器；3—样品紧固带；4、5—石墨加热器。

使用测力仪时，0.4~1000MN 范围内应力的相对测量误差不超过 1%。试样应变的测量误差，估计为支架位移差，为 5%。苏联在 1960 年第一次用该系统进行了 3000K 温度条件下石墨和 ZrC 的强度测试。PRV-203 系统是由机器试验研究所（RITM，莫斯科）建造的，最初是用于进行真空环境中，钨加热器将大型样品加热到 2500K（图 3.2）条件下的相关试验，随后进行了一些修改（特别是夹具和测功器进行了重新设计），以便进行较小试样的弯曲试验（2mm×2mm×25mm），在下限为 0.2MN 的较低负荷下，应力测量误差为 2%。试样的应变（5%的测量误差）是通过在设备图表上以 1:100 比例记录的支撑位移来估计的。

1973 年，根据 RIPRA "Luch" 的要求，RITM 开发了电子束机 EBM-402，用于真空温度高达 3300K 条件下的力学试验。用两支电子枪的扫描电子束对样品表面进行加热 [图 3.2（a）]。试样受到的加载载荷为 2~2000kg·f（1kg·f=9.8N），加载速率可在 $3\times10^{-5}s^{-1}$ ~ $0.4s^{-1}$ 进行调整。试样应变通过连接可变感应传感器上的伸长计进行测量。用光学高温计测量样品温度，用光伏器件记录样品多个点的局部温度脉冲。3000K 时真实样品温度的测量误差为 ±86K。

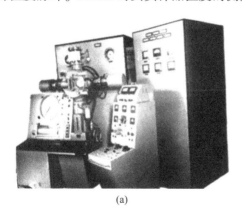 

(a) (b)

图 3.2 带电子束加热的 EBM-402（a）和带钨加热器的 PRV-203 设备的安装概况（b）

3.2 热试验方法

研究人员采用不同方法、不同装置对不同温度范围内的热性能进行了测量。在300~1000K的温度范围内，通过快速瞬态方法对热扩散系数 α、热传导 λ、热容量 C 和电阻 ρ 进行了比较估算，典型精度为±10%。用轴向法通过杆试样或燃料元件，测量了硬质合金材料在高温（高达2800K）下的热传导性能，精度为±15%。同时，对电阻也进行了测量。

开发了用于测量多层隔热包层（HIPs）导热性能特性的专用技术和设备。采用基于间接内加热的径向热流密度法（圆柱体工艺，见图3.3）得到了隔热包层的导热系数 λ_{eff} 的可靠数据和热阻（R_n）。

采用最接近设备运行条件参数的方法估算热负荷结构的承载能力。燃料元件的热加载过程通过在水中冷却燃料元件进行模拟，隔热包层壳体的热加载通过在熔化的锡中加热进行模拟[14]。在温度超过 $0.3T_m \sim 0.5T_m$（T_m 是材料熔点）后，当微观和宏观塑性出现时，采用电子、等离子体和感应加热等方法测量材料的热强度，当然，这需要精密的设备。这些方法用于改变和控制温度场的水平和类型及其变化的速率和周期，从而定量估计材料在接近高温操作条件下的热强度。

在不同工作温度下，在组分、结构、物理、化学和力学性能变化的条件下，研究人员利用电热装置对燃料组件单元与氢的相互作用进行了研究。该装置可以产生所需的温度，最高可达到由 Zr-UC+C 和 UC-ZrC-NbC 制成的燃料组件材料的熔点。氢气或氢-甲烷混合物流过工作腔体，当压力高达10MPa时，试样表面附近的气流速率为 0.1~40m/s。在水力台架上对建造过程中燃料组件通道的水力阻力进行了优化（图3.4）。

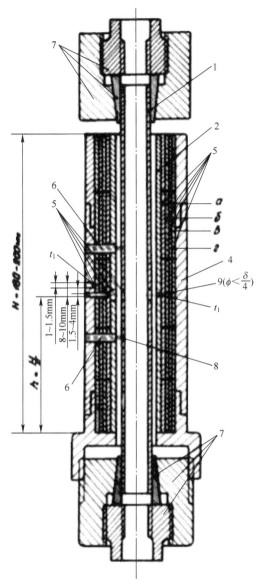

图 3.3 导热系数测量组件的回路设计

1—加热器;2—壳体内层;3—测试层;4—室外层;5—高温通道;
6、8—电势电位器探测孔;7—夹筒系统和卷曲锁;9—高温测量通道。

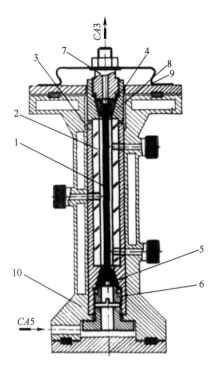

图 3.4 B-2 装置工作室回路设计

1—测试样品（燃料元件）；2—直径为 10mm 的石英管；3—承力管；
4、5—带气浮头的电流引线；6、7、8、9—锁紧机构；10—钢腔体。

一种非稳定条件下辐射加热的热阻测试单元，通常包括一个热室[图 3.5（a）]和一个冷室[图 3.5（b）(c)]。在热室的惰性介质或真空条件下，利用加热器 1 将试样加热到 2000℃。加热器 1 是一个放置在感应器中的空心石墨圆筒。采用水冷双石英管将加热器与周围环境隔离。

为沿着石墨加热器长度方向产生一个均匀的温度场，加热器的边缘用钼或石墨屏蔽层保护，加热器的温度由光学高温计监测。当加热器达到所需温度后，试样 2（在侧面由屏蔽层 3 保护）从冷室气动转移到热室，此时活塞 4 由下面施加的压力驱动。当试件位于加热器中部后，屏蔽层 5 被释放且允许重力下降，试件的侧面暴露在加热器

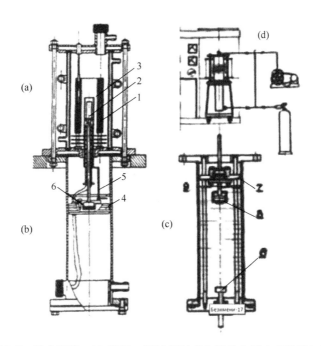

图 3.5 组合安装 RAD 设计，通过辐射或在液体介质中对样品加热
（冷却）的方法来定义热强度电阻

1—加热器；2—试样；3、5—屏蔽层；4—活塞；6—探测管道。

中。通过探测管道 6 连接到试样上的压电传感器记录下试样破坏的瞬间。来自传感器的信号通过放大器传输到记录示波器，在屏蔽层 5 释放后自动打开示波器。

热量从温度为 T_h 的加热器传递到表面温度为 T_s 的试样，如果表面温度不超过 $0.475T_h$，可以认为热流是恒定的，这样处理，精度优于 5%[14]。这使测定抗热应力的过程简单很多。

温度测量的最大相对误差不超过±0.7%；该误差与热电偶校准误差（±0.3%）、测量装置误差（±0.05%）和延迟效应误差（±0.3%）有关，延迟效应误差是热电偶与试样接触处的热阻引起的，在温度变化率<100K/s 的范围内，它们通过 In-Ga 低熔混合物相接触。由于系统"加热器-试样"之间的热流已知，通过测量加热到失效的时间

τ_f,可以确定失效的积分平均温度下降量。

由失效时间误差、热流误差、温度外推误差和热参数误差组成的抗热应力总相对误差不超过10%,不确定度为0.68。破坏通常表现为试样的完全解体。

应该注意的是,圆柱和圆盘形试样比空心圆筒或圆环试样更方便。然而,在这两种情况下,材料以平均积分温度 ΔT_m 表示的耐热性均不超过100℃,失效点的温度可在300~700℃范围内变化。

测试过程包括物体断裂时刻温度模式的定义和物体断裂的平均积分温度差 $\Delta T_m = T_m - T$ 的计算,T_m 表示物体横截面上的平均积分温度,T 是物体某点的温度(在物体表面或中心),在这里热应力被定义为

$$\sigma = \alpha E \Delta T_m / (1-\mu) \tag{3-1}$$

式中:E 为弹性模量;α 为线性膨胀系数;μ 为泊松比。式$(1-\mu)/\alpha E = \Delta T_m$ 被认为是抗热应力 R 的第一准则[14]。

在莫斯科,研究人员利用 RITM 开发的 UTU-1 系统(图 3.6)来测量电子束加热条件下的高温抗热强度。该技术涉及复杂的设备和精密的测量程序,但在一个较宽温度范围内,在样品通过高速热加载(加载速率高达 1000K/s)加热到最高 2800K[15] 的条件下,它能够有效模拟一些燃料组件模块在核火箭发动机内的运行条件。UTU-1 系统中密封腔内(密封腔保持真空状态,最小压力为 0.01Pa)有 4 个电子束枪,它们在同一水平面上相互之间成 90°对圆柱形试样进行加热。热强度试验先是将试样缓慢加热到预设温度,然后高速加热直至试样断裂,以测量试样在不同温度下的行为。以示波器磁带上记录的温度曲线斜率的突跃变化作为判断试样断裂的依据。温度应力计算采用的是基于第一边界条件的数值方法,表面温度是一个给定的时间函数。抗热应力的一般测量误差估计为±15%。

图 3.6　电子束装置总体图

3.3　结构研究方法

金相分析和 X 射线衍射分析的方法在材料研究中得到了广泛的应用。研究人员利用 URS-50IM 和 DRON-3X 射线装置，采用标准方法测定了碳化物成分中的晶格周期和相成分。利用已知的化学、理化、发射光谱、原子光谱和 X 射线衍射分析等仪器方法研究材料的化学和相成分。此外，还应用了新近发展的气孔测量法、辐射测量法、质谱分析法和中子活化分析方法。

第4章
反应堆堆芯材料

在20世纪60年代核火箭发动机研究启动时，关于核火箭发动机堆芯（基于锆、铌、碳化铀和氢化锆）材料的性能和制造技术等相关资料还比较缺乏，且资料之间有些信息还相互不一致。众所周知，与低熔点（2500K）单一铀化合物不同，基于UC-ZrC和UC-NbC碳化物组成近乎随机的固熔体制造的燃料可以承受高达3000K的高温氢气加热。一碳化铀与同形、高熔点的锆、铌、一碳化物固熔体使材料具有高熔点、燃料元件与热载体之间良好的相容性等优点，使得这方面的研究成为最重要的材料技术研究方向。这些耐高温材料的制造技术是以粉末冶金法为基础的。本书描述了UC-ZrC-ZrN燃料的发展前景。

耐高温化合物具有较高的硬度、较大的弹性模量、较好的化学稳定性和耐热性，但由于混合离子-共价型原子间的相互作用和低位错迁移的原因，它们还具有高脆性[16-18]。而低硬度、低强度和低弹性模量的石墨具有比碳化物高很多倍的抗热应力（$R \geqslant 700K$）。

在温度为1000~3100K、中子通量强度高达$10^{15} \sim 10^{16}/cm^2$的条件下，燃料元件抗辐射性能（完整程度、膨胀情况和强度变化）的首批数据证实了基于固体碳化物溶液燃料材料的优势[4-5]。在制造高可靠性的机械设备中还是首次决定使用脆性材料，这需要改变现有的制造规则以及力学强度、热强度的相关观念。本书介绍了一种新的热负荷产品承载能力的评估标准，该标准已被国际科学界[14]所接受。

4.1 材料的热力学和结构特性

由于当时只知道评估热力学性能的基本方法，文献中并没有关于高温均匀区热力学性能的数据，RIPRA"Luch"开始了难熔化合物与一碳化铀固熔体的热力学研究。反应堆堆芯的结构材料和燃料材料是以难熔的锆碳化物、铌碳化物及其与铀的固熔体、含碳夹杂物的碳化物[2,4,5]和氢化锆（慢化剂单元）为基础材料的（表4.1）。这些材料属于所谓的间隙相[19]。大多数难熔化合物具有高度对称的立方晶格，一碳化物、一氮化物主要结晶在 NaCl 型 FCC 晶格中，非金属原子位于八面体位置。熔点、弹性和热膨胀因子是晶体结构上的耐受性特征量，本质上，它们取决于键合能，即晶格分裂成独立离子所必需的能量。

化合物的高脆性是由键合方向导致的较低的位错运动能力、较高的 Peierls-Nabarro 力和低位错增长率造成的。在化合物中和在金属中，位错遵循同样的规律。然而，在具有离子共价键的多原子化合物中，可以观察到更复杂的位错结构几何形状。高 Peierls 势垒晶体中位错运动的初始应力比金属中的高 1~2 个数量级。在中等温度 $0.3T_{ml}$ 下，材料开始屈服的应力反过来超过初始应力2个数量级。

关于许多难熔化合物及其成分（其中一些是首次在装置中使用）物理-力学性能的数据揭示了这些材料的可能特性，并影响了其操作条件的确定和对前景的估计[20-22]。与单铀化合物不同，基于 UC-ZrC 和 UC-NbC 碳化物固熔体的燃料，其组成接近化学计量组成，可满足氢气加热的温度高达 3000K。

表 4.1 300~700K 温度范围内堆芯材料的平均物理特性[25]

化合物分子式	结构类型①	密度/(g·cm^{-3})	熔点/TmK	线性膨胀因子/(10^{-6}K^{-1})	热传导/(W·m^{-1})	弹性模量/GPa	维氏硬度
燃料材料							
UC	C	12.9	2500	10.4	19	220	9.0
UN	C	14.4	3074	9.3	18	265	8
ZrC+5%UC	C	6.9	3380	11.8	30	380	25
ZrC+5%UC+C	C	6.6	3250	11	32	350	20
ZrC+5%UC+Nbc	C	7.6	3520	11	22	320	28
制造材料							
ZrC	C	6.73	3690	8.6	30	390	27
ZrC+5%C	C	6.5	3180	5.5	52	230	18
Nbc	C	7.8	3870	7.7	20~30	500	20
ZrC+50%Nbc	C	7.3	3620	5.9	25	470	28
ZrH1.9 ε相	T	5.6	2470②	7.0	30	69	0.16
热解石墨	H	1.7	4000③	8.5	70	48	0.1

注：① C 表示立方体结构，T 表示四边形结构，H 表示六边形结构；
② 表示 100MPa 氢气压力对应值；
③ 表示升华温度。

4.1.1 熔化温度和蒸发

核火箭发动机的材料应该具有高熔点、低蒸发率,并且与氢弱相互作用等特点。在指定的运行时间内,由蒸发或与氢相互作用引起的材料成分的变化不应导致该成分在均匀区域中消失。

碳化物在均匀性范围内的熔化温度并非单调变化。通常,最高熔化温度由非化学计量相来表明,其组成接近 0.8 的 C/Me 比值。一碳化物固熔体的熔化温度预期在均匀性范围内[23]类似变化。基于 ZrC、NbC 和 ZrN 的燃料的熔化温度随着 UC 含量的增加而降低(图 4.1 和图 4.2)。测得的 ZrC-UC 和 ZrC-NbC-UC 固熔体的熔化温度绝对值接近固相线,平均分别在 3570K 和 3520K 左右,明显高于碳化氮熔化温度。通常使用的碳化物-碳的共晶化合物具有以下熔化温度:ZrC+C:3180K;NbC+C:3580K;TaC+C:3715K。上述材料的熔化温度低于纯碳化物的熔化温度。蒸发过程对燃料组件部件的性能和这些材料在高温下气相传质过程的性能有相当大的影响。在考虑合金和化合物的蒸发速率时,不仅要考虑整体蒸发速率,而且要考虑局部蒸发速率。这对于碳化物、氮化物等具有显著分散组分蒸发速率[24]的化合物尤其重要。在文献[17]中给出了基于统计和热力学方法确定二组分和三组分间隙相的部分热力学函数的方法。这些方法可以确定同成分蒸发相组分(蒸发过程中几乎保持不变的组分)均匀范围内气体压力的变化(表 4.2)。

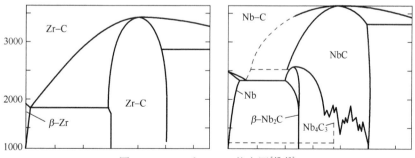

图 4.1 Zr-C 和 Nb-C 状态图[17-18]

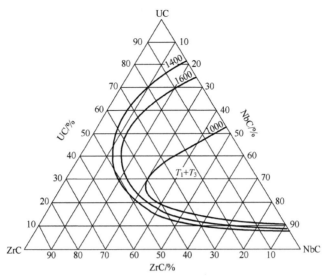

图 4.2 ZrC-NbC-UC 合金（从 2100K、1900K、1700K 开始淬火）相图

表 4.2 碳化物蒸发的表面速度 V 和线性速度 V_l

材料	$V/(g/m^2 s)$ 2500K	3100K	$V_l/(m/s)$ 2500K	3100K
$ZrC_{0.85}$	$1.21×10^{-6}$	$8.37×10^{-4}$	$1.824×10^{-7}$	$1.257×10^{-4}$
$NbC_{0.77}$	$2.99×10^{-9}$	$5.03×10^{-6}$	$3.83×10^{-10}$	$6.5×0^{-7}$
$TaC_{0.5}$	$6.15×10^{-9}$	$9.83×10^{-6}$	$4.16×10^{-10}$	$6.64×10^{-7}$
UC-ZrC	$3×10^{-6}$（2270K）	$1.9×10^{-4}$		
UC-UN	$8.2×10^{-7}$（2800K）	$1.8×10^{-4}$		

NbC 的预测值与实验数据吻合较好；对于 ZrC，必须考虑空位形成能的浓度依赖性[17,24]。

因为铀在 $U_{1-y}Me_yC$ 碳化物固熔体中具有更高的热力学活性，与 Zr、Nb 或 Ta 相比，三元系中蒸发成分都不一致，因此，铀的减少主要是开放表面的蒸发导致的，相应地，表面也富集了 Zr、Nb 和 Ta 原子。同时，沉积在冷壁上的冷凝物应比初始碳化物中的冷凝物具有更高的 U/Me 比值。

$U_{1-y}Me_yC$ 固熔体蒸发的不一致性使其很难在高温真空下长时间使用，需要特殊的防护措施。尽管与 Zr 相比，Nb 的热中子吸收截面积更大,但真空中 NbC_x 的金属成分与碳化锆相比,蒸发速度要慢得多。因此,NbC 可以有效地用在碳化物-石墨组成中,用在二元或三元碳化物溶液中,特别是作为石墨部件的保护涂层使用。

4.1.2 扩散特征

研究人员通过研究得到的三组分间隙相的统计热力学理论和扩散控制过程[23](如烧结、硝化、碳化处理和氧化)中确定的性质参数,促进了研究过程中技术的优化。扩散过程对燃料组件材料与氢的相互作用和碳化物粉末[18]的固结有显著影响。利用扩散实验数据估算了燃料棒高温下的承载能力和表面缺陷的愈合情况。在大多数情况下,扩散现象动力学是由一些基本过程控制的,它们各自的作用很难区分。

因此,烧结过程中的致密率和蠕变率由体积、边界和表面扩散[23]以及位错滑动控制。由于金属和非金属原子在不同温度范围内的贡献可能不同,间隙相双组分或多组分的性质通常使扩散控制过程的分析变得更为复杂。最后,比较扩散控制过程的实验数据和理论数据需要明确有效自扩散系数 D^{ef} 的概念。D^{ef} 通常用于多组分体[17]分析中。

对于单组分体,D 是自扩散系数;对于双组分或多组分体,应在各自的方程中使用 D^{ef} 代入。

$$D^{ef} = (D_A^* D_B^* / C_B D_A^* + C_A D_B^*) \cdot g \qquad (4-1)$$

式中:g 为热力学系数;C_i 为某特定成分的浓度;D_i 为局部(化学)自扩散系数,它通常通过放射性同位素实验进行确定。如果合金或化合物中某一组分的扩散运动不可忽略,例如间隙单元的扩散运动,且 $D_B^* > D_A^* D$,则方程可以简化成:

$$D^{ef} \sim (1/C_A) \cdot D_A^* g \qquad (4-2)$$

这种情况下,扩散控制过程的速率是由最慢扩散元素[17]的扩散速率定义的。成熟的三组分间隙相统计和热力学理论,以及我们对扩散控制过程(蠕变、烧结、氮化、渗碳和氧化)的研究成果,使我们有可能制定有关核火箭发动机燃料元件成分、加工和运行条件的评价建议(表4.3)。

表 4.3 碳化物混合物的扩散参数

组 成	扩散元素	温度范围/K	D_0/(m²/s)	Q/(kcal/g)	D/(m²/s)		
					2500K	2800K	3100K
$ZrC_{0.97}$	C14	2500~3100	14.1	1089.9 ± 6.1	4.26×10⁻⁹	4.35×10⁻⁸	2.878×10⁻⁷
	Zr95	2500~3100	1030	172 ± 10.7	9.93×10⁻¹	3.83×10⁻¹¹	7.62×10⁻¹⁰
$ZrC_{0.70}$	C14	2500~3100	2.8	164 ± 5.1	1.40×10⁻¹⁰	5.09×10⁻⁹	8.095×10⁻⁸
	Zr95	2500~3100	1030	172 ± 10.7	9.93×10⁻¹³	3.83×10⁻¹¹	7.62×10⁻¹⁰
$NbC_{0.97}$	C14	2500~3100	0.11	94 ± 1.8	6.62×10⁻¹⁰	5.25×10⁻⁹	3.24×10⁻⁸
	Nb95	2500~3100	1.47	127 ± 7	8.3×10⁻¹³	1.32×10⁻¹¹	1.23×10⁻¹
$NbC_{0.79}$	Nb⁹⁵C1⁴	2500~3100	0.11	100 ± 1.7	2.61×10⁻⁹	2.27×10⁻⁸	1.31×10⁻⁷
		2500~3100	0.11	127 ± 7	8.73×10⁻¹³	1.32×10⁻¹¹	1.23×10⁻¹⁰
$(Zr_{0.48}Nb_{0.52})C_{0.9}$	C1⁴	2500~3100	2.28	96.5 ± 2.5	8.26×10⁻⁹	6.72×10⁻⁸	3.56×10⁻⁷
	Nb⁹⁵	2500~3100	51.0	153.0 ± 9.8	2.12×10⁻¹²	5.71×10⁻¹¹	8.26×10⁻¹⁰
$(Zr_{0.48}Nb_{0.52})C_{0.8}$	C1⁴	2500~3100	0.84	100.5 ± 3.4	1.36×10⁻⁹	1.20×10⁻⁸	6.91×10⁻⁸
	Nb⁹⁵	2500~3100	51.0	153.0 ± 9.8	2.12×10⁻¹²	5.71×10⁻¹¹	8.26×10⁻¹⁰
$TaC_{0.98}$	C¹⁴	2650~3200	3.9	118.7	1.66×10⁻¹⁰	2.58×10⁻⁹	1.66×10⁻⁸

4.2 结构陶瓷材料的加工工艺

研究所用于烧结、巩固粉末试样和在高温（高达 2500～2700K）下在产品上沉积涂层而开发和建造的熔炉，在当时是独一无二的，用于制备研究所需的试样，后来还用来制造核火箭发动机堆芯的组件。

一般的陶瓷加工工艺包括以下[25]步骤：

(1) 合成给定化学成分、相组成和粒度分布的粉末；
(2) 成型用粉末的制备；
(3) 原型件形成；
(4) 高温固化；
(5) 加工质量。

烧结是结构演化的关键阶段。烧结是一种热激活过程（自发或涉及外力的作用），其特征是通过使自由表面积最小化，使接触固体或多孔介质系统转变为热力学上更稳定的状态。这个驱动转变的力就是额外的自由能。烧结既有外观尺寸的变化（主要表现为收缩），也有结构和性能的显著变化，两种变化使材料接近于致密材料。RIHRE "Luch" 开发了用于合成、烧结和热压耐热碳化物的特殊电热真空系统，以及用于合成精细碳化物粉末的系统（图4.3和图4.4）。

本书详细描述了碳化锆烧结过程中密度、结构和性能演变的动力学变化过程[26-27]。ZrC 粉在 $T=2100℃$ 条件下，通过碳热还原反应而被合成，其中 Zr 含量占比为 87.8%，C_{total} 含量占比为 11.4%，C_{free} 含量占比为 0.15%，N 含量占比为 0.018%，O 含量占比为 0.62%。合成的粉末在容器中进行球磨，该容器内衬有耐火 ZrC 板。粉体平均粒径为 4.5～5μm，BET 比表面积为 $4.35m^2/g$。原型件采用热塑性挤出成型，真空炉中脱蜡，炉内升温速率为 10K/h，最终温度为 350℃，驻留时间 2h。在石墨加热炉中、1400～2800℃ 温度范围内最终烧结，

图 4.3 真空高温电加热炉 $T_{max}=2750℃$

图 4.4 热压装置（IHP-4），压力高达 1.96MPa，工作空间 900mm×1800mm

驻留时间分别为 0min、15min、30min、60min、120min；加热和冷却速率为 800~900K/h（图 4.5）。

在 2200~2400℃条件下获得了较高的 γ、σ 和电导率。在氢气和氩气气氛下烧结得到了相似的结果，真空烧结条件下得到的性能稍差，这是由于烧结过程中气体释放量大，可能导致更加多孔的致密结构。ZrC+NbC 和 ZrC+NbC+UC[22] 体系的烧结过程也得到了类似的结

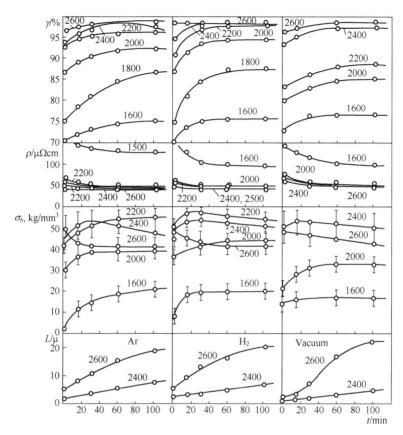

图4.5 氩气、氢气和真空（10^{-3} mmHg）环境下烧结碳化锆（温度℃）时动力学相对密度变化（γ）、电阻率（ρ）、弯曲强度（σ_b）、颗粒尺寸（L）

果。进一步将烧结温度提高到2600～2800℃，烧结样品的密度和强度都没有提高。形成较差固结试样的原因可能是封闭孔隙中气体的影响。在总孔隙度为6%～7%的条件下，大部分孔隙关闭，这极大地阻碍了进一步的固结。

在2800℃条件下烧结的试样孔隙率较高，其主要原因是气体压力和含气孔隙的聚结作用。在2600～2800℃温度下烧结的试样强度较低，这不仅由于密度较低和显著的晶粒粗化作用，而且由于晶粒边界处隔离较差而形成非常特殊的裂纹模式（图 4.6）。在 $T>2600℃$ 下烧结的试样主要是沿晶断裂，而在较低温度下烧结的试样主要是穿晶断裂。ZrC+UC 燃料棒在氢气中于 2200℃ 条件下烧结时的相对密度和强度 σ 分别达到 99% 和 650MPa。而相同温度下真空烧结[22]的相应值分别为 88% 和 360MPa。

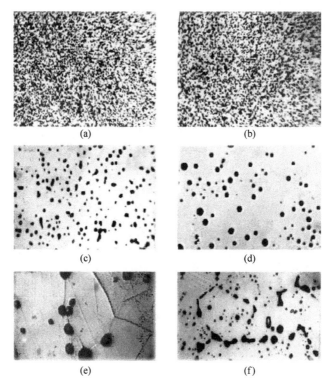

图 4.6 不同温度、不同介质中[27]烧结后的 ZrC 结构的微观特征

(a) 真空，$T_s=2000℃$，$\tau=15min×1000$；(b) 真空，$T_s=2200℃$，$\tau=15min×1000$；
(c) 真空，$T_s=2400℃$，$\tau=15min×1000$；(d) 真空，$T_s=2600℃$，$\tau=15min×1000$；
(e) 氢气，$T_s=2,700℃$，$\tau=5min×1000$；(f) 氩气，$T_s=2700℃$，$\tau=5min×1000$。

在分析烧结过程时，应考虑气孔特征。当相对密度接近 TD 的 90% 时，残余孔隙度几乎都是开放孔隙度，也就是说，气孔与表面相连。总体孔隙度为7%~8%时,所有孔隙都被封闭。随着温度的升高或烧结时间的增加,粉末变得更密实,压缩率增大,可能达到20%~25%。同时,性质也发生了变化,即通过监测电阻的减小,可以跟踪密度的变化。

在2000~2400℃气体环境和2300~2500℃真空环境下,主要通过降低闭合孔隙实现致密化;温度进一步上升到2600℃,闭合的孔隙几乎没有变化。在这一阶段,多个孔隙凝聚成球形［图4.6（c）（d）］,孔隙数量减少,尺寸增大。当烧结温度高于2600℃后,孔隙的封闭程度和总体孔隙率都出现增长。有时试样表面出现裂纹,导致封闭孔隙率降低。这种特殊现象在温度高于2700℃的氩气烧结试样中最常见。

气泡状小孔在烧结这个阶段是固定的边界,这些小孔往往趋于分离和合并［图4.6（e）(f)］。两个等半径气孔的合并导致气孔形状变化,出现大气孔,同时部分气泡孔隙迁移到样品表面聚结;除非合并前后的气体体积保持不变,否则新形成的气孔体积会增大,从而导致试样膨胀。ZrC试样在2600℃以上烧结时,试样体积增大,密度下降。在一些样品中,在烧结温度为2550~2600℃时也观察到这种现象出现,特别是在Ar气氛下。炉室气氛分析结果表明,在Ar烧结过程中,在闭孔阶段（T在2000~2200℃范围）,主要的杂质是CO,它可能会被封在闭孔样品中。此外,在烧结过程中通过游离碳与氧的反应会形成CO,在2000~2200℃的快速加热过程中,CO也可能被封在气孔中。

生坯密度ρ为52%~57%的试样先在1000~2250℃的真空中烧结,然后在$T_{max}=2500~2700℃$的Ar气氛中烧结。利用专用夹具控制样品的线性尺寸,在$\pm10\mu m$的精度下,在炉内持续测量烧结过程中的动力学收缩行为。

"ZrC+2/10%C（金刚石）"体系在1600~1800℃温度下的烧结行为与纯ZrC[28]相近。在1650~1750℃温度范围内测量到金刚石的最大体积变化（由于其为多态相变），结果表明其收缩率下降到接近零。进一步升高温度会显著加速其致密化。在这一阶段，ZrC-2.5%C 体系的样品收缩曲线与纯 ZrC 相似。当金刚石颗粒尺寸从 50μm 变到 1μm 时，收缩曲线会发生变化，金刚石多态相变引起密度损失的绝对值减小。所研究的烧结成分以聚集结构为主，碳相颗粒主要位于碳化物基体的晶界上。

ZrC、ZrC-C、NbC-C 结构形成的一般规律是在烧结温度大于 2250℃时高速再结晶，即在烧结温度大于 2250℃时，随着碳相的生长，组成成分的晶粒尺寸增大到 10~20μm。在此烧结温度下，烧结成分的晶粒尺寸与碳颗粒的初始尺寸（5μm 和 2.5μm）相当。

气孔位于晶界线上，烧结时抑制了晶粒生长。在烧结温度区间为 2500~2700℃时，碳化物的平均晶粒尺寸略有增加（从 20μm 增加到 25μm）。总体而言，ZrC、NbC 与碳添加剂（金刚石、石墨）烧结后基体[29]中的孔洞分布比较均匀。对 ZrC-C、NbC-C 烧结能活化值 Q 的估计表明，在研究温度区间内，Q 是变化的[28]。在 1300~1400℃ 范围内，对于 ZrC-C 来说，$Q = 2.73 \times 10^5 \sim 3.36 \times 10^5 J/g$；对于 NbC-C 来说，$Q = 2.94 \times 10^5 \sim 3.15 \times 10^5 J/g$。在更高烧结温度下，（ZrC-C）的 Q 值增大到 $4.83 \times 10^5 \sim 5.25 \times 10^5 J/g$，（NbC-C）的 Q 值增加到 $5.04 \times 10^5 \sim 5.67 \times 10^5 J/g$。ZrC-C、NbC-C 合成物烧结过程中得到的 Q 值起始于碳化物 ZrC、NbC[17]中自扩散组分的参数，证明了在 1300~1400℃烧结时边界扩散作用在传质中占主导地位。体积扩散控制烧结收缩作用在温度增长时变得明显。

众所周知，压制粉末在加热-冷却过程中所形成的温度模式，从本质上影响烧结的特性和强度。考虑到接近 500~1000K/h 时加热-冷却速度较小的原因，文献中有关碳化物材料烧结过程加热和冷却速度影响的相关数据是有局限性的。当发现热处理的温度动力学参数在烧结特性和强度方面具有决定性作用时，研究人员开始尝试[30]使用高速加热-冷却的模式。压制直径 2.5mm 的 $ZrC_{0.95}$ 硬质合金的温度最高可达 2800K，速度为 600K/s，这允许收缩速度急剧增加到 10^3 倍，将初始密度从 71%提高到 98%（图 4.7）。

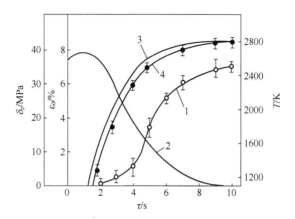

图 4.7　高速加热至最高温度 2800K 条件下，压制直径为 2.4mm 的 $ZrC_{0.95}$ 过程中的参数变化曲线[30]

1—动力学收缩率 $\varepsilon_{\parallel}$；2—热弹性应力；3—计算表面温度；4—测量表面温度。

烧结参数对烧结后 ZrC 结构和性能的影响见图 4.8 和图 4.9。快速非等温加热烧结 ZrC 样品的过程非常复杂。在加热到 1300K 的第一阶段，前 2s 产生 30~40MPa 量级的热弹性应力（图 4.7），并能在颗粒的粗糙表面上造成材料的局部塑性变形。该现象在 $ZrC_{0.9}$ 单晶压痕处产生位错的实验研究中得到了证实，该实验先在 290K 温度下进行，随后加热至 600K 和 850K 温度。在这些温度下，位错运动的初始应力 σ_s 分别局限在 5~8MPa 和 2~3MPa[31]。应该指出，几十万埃大小粗糙度表面上局部应力可能比平均质量的热弹性应力高出 1~2 个量级，而后者在烧结的初始阶段就会松弛。

在第二阶段，温度进一步升高至 2000K 时，收缩可定义为颗粒整体沿着它们之间边界的相互滑移。它们按照文献［30，32］提出的机理向试样的孔洞和自由表面移动［图 4.8（a）~（d）］。

在克服了固化剂颗粒表面确定部位的阻力和颗粒"活化"后，

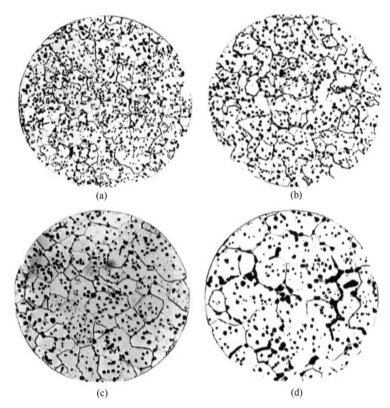

图 4.8 高速（$\delta T/\delta t = 600\text{K/s}$）烧结时最大加热温度 T 对 ZrC 结构的影响
(a) $T=2300℃$，$4\mu\text{m}\times300$；(b) $T=2500℃$，$7\mu\text{m}\times300$；
(c) $T=2700℃$，$12\mu\text{m}\times300$；(d) $T=2900℃$，$30\mu\times300$。

颗粒的边界扩散黏度降低，收缩急剧增大，粒子之间形成了与初始边界无关的随机边界，收缩率随孔隙率的减小而减小。

在第三阶段，当试样中心部位加热至温度高于 2200K 时，在远离自由表面的地方发生孔隙的凝固，出现孤立的孔隙。由于具有开放孔隙外围多孔层的减少以及非等温烧结样品数量和体积的减少，进一步致密化［图 4.8（d）］主要集中在隔离孔隙处。

选择合适的非等温加热参数，可以获得晶粒细且规则的小孔结构［图 4.8(b)］，在烧结时间明显减少的情况下，具有较高的强度（图 4.9）。

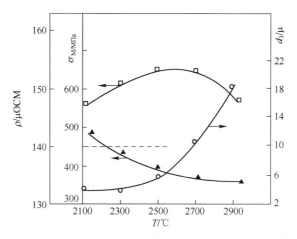

图 4.9 高速($\delta T/\delta t=600$K/s)烧结加热温度对 ZrC 性能的影响：颗粒尺寸为 d_3，电阻为 ρ，弯曲强度为 σ_b。虚线表示 ZrC 试样在 2500℃下以正常速度烧结 1.75h 后的强度

4.3 燃料和结构材料的力学性能

4.3.1 不同加载方式下材料的强度

在变形速率为 10^{-3}/s 时，ZrC、NbC、ZrC+NbC 的加载方式从拉伸变为弯曲和压缩，这降低了脆性—韧性转变温度 T_{b-d}，提高了韧性变形的水平。在脆性条件下，陶瓷的强度水平很大程度上取决于应力状态，因此当从拉伸转变到弯曲和压缩时，强度按 1:(1.5~2.0):(8~10)（表 4.4）[25]的关系增加，这种现象与裂纹扩展的动力学特性有关。当达到临界应力强度系数 K_{ic} 时，拉伸导致裂纹开始产生，并引起进一步的裂纹雪崩扩展，直至整体碎裂。在 K_{ic} 处由压缩引发的裂纹只能在连续载荷增加时沿曲线轨迹均匀增长，且向压缩轴方向发展（图 4.10）。

表4.4　不同加载方式下耐火材料强度变化（$T=280K$）

试验种类、材料	应力条件①	试验次数	$\sigma_m/(\sigma_{min}-\sigma_{max})/$ MPa	$\Delta\sigma$/MPa	W/%	m
圆柱 ZrC, $d=3\sim4mm$, $P=7\%$, $d_g=9\sim20\mu m$	Ⅰ，80 Ⅱ，15 Ⅲ，50 Ⅳ，4 Ⅴ，6	703 603 60 40 36	195/（105-135） 217/45~345 80/57~129 97/36-158 920/230-1240	43 47 18 28 24	22.0 21.7 22.2 29.3 26.0	4.0 4.2 4.3 2.6 2.5
圆柱，$d=3mm$ NbC, $P=8\%$, $d_g=15\mu m$	Ⅰ，80 Ⅱ，15	256 340	215/45~345 210/145-375	56 50	26.0 21.1	3.8 5.0
ZrC+5wt%C, $P=20\%$, $d_g=15\mu m$	Ⅰ，80	120	85/28-220	43	51	2.3
ZrC, $P=75\%$	Ⅵ	35	6.5/2.8-8.1	1.3	20.2	
ZrC+50%NbC, $P=65\%$	Ⅵ	48	9.1/2.3-13	2.2	24	

注①：Ⅰ 四点弯曲，Ⅱ 扭转，Ⅲ 拉伸，Ⅳ 直径压缩，Ⅴ 压缩，Ⅵ 流体静力学拉力（空心圆柱 $d=30\sim50mm$，$\partial=4mm$，$H=50mm$）

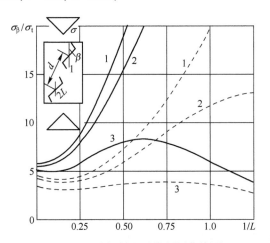

图4.10　平行裂纹系统断裂曲线图

1—$\lambda=d/2L=\infty$；2—$\lambda=3$；3—$\lambda=2$（实线$\beta=30°$，虚线$\beta=45°$）。

最终，在比引发裂纹产生的载荷高很多倍的载荷的作用下，裂纹均衡地增长并相互作用,然后使裂纹均衡增长过渡到裂纹雪崩阶段,最终导致裂纹完全破碎。实验和理论分析[14,25]表明,在一定的均衡增长后,在相互作用裂纹共同发展的情况下,由于即使在无限载荷下,单个裂纹的增长也不能导致断裂,因而发生整体破碎。在温度$T>(0.65\sim0.70)T_m$条件下,碳化物的稳态蠕变速率取决于加载类型(压缩、弯曲或拉伸)[33]。

能彻底改变强度等级加载条件的变化对变换系数$=S/\sigma_m$和威布尔系数m没有影响(表4.4),其中S为强度均方根偏差,σ_m为平均算术强度值。对于单相致密和多孔陶瓷,W和m分别在20%和3~5范围内。含碳夹杂的多相碳化物由于基体损伤,W值增加了2倍。值得注意的是,电子带结构和原子键合对各种陶瓷脆性状态下的强度变化参数没有显著影响,该参数主要受表面和体积缺陷变化的控制。

即使在80K时,硬度计压头侵入产生的单轴压缩载荷向多轴压缩载荷的转变也会引起过渡金属碳化物的塑性变形。微硬度的温度相关性显示了变形特性(图4.11),这在其他载荷下没有检测到。

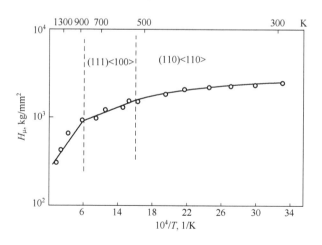

图4.11 单晶ZrC在不同温度相关的载荷下,微硬度两个明显的变化

能彻底改变强度等级加载条件的变化对变异系数 $W=\Delta\sigma/\sigma_m$ 和威布尔系数 m 均无影响（表4.4），其中 $\Delta\sigma$ 为强度偏离的均方根，σ_m 为平均算术强度值。分布参数 m 与 W 之间存在相关性。大样本和小样本的比较试验表明，足够可靠的估计值 σ_m 可以从 5~7 个样品的测试中得到，分布参数 σ_n、W 和 m 则需要 25~30 个样品。对于单相致密陶瓷和多孔陶瓷，W 和 m 分别在 20% 和 3~5 范围内。含碳夹杂的多相碳化物 W 值增加了一倍，这是由于碳化物基层的破坏。

即使在 80K 时，压头的侵入也会引起过渡金属碳化物的塑性变形。微硬度随温度的变化揭示了变形特性，这在其他载荷下没有检测到。

微硬度曲线上的第一个弯曲是考虑到滑移体系 {110}<110> 向滑移体系 {111}<100> 的转变（图4.11），这是过渡金属碳化物的典型特征[31-32]。第二个弯曲与韧性变形的进一步发展和凹痕附近裂纹消失有关。压头载荷从 200g 到 1000g 的变化使裂纹消失的温度（c）从 800K 变化到 1400K。用 Berg-Barret 法测量的压痕（d）和弹性变形区（A）周围的位错构型随方向变化（图4.12），这给出了有关变形演变机理的有价值的信息。随着温度从 300K 上升到 1080K，由于位错运动和弹性应力松弛，弹性变形区（A）与位错散射长度（L）的比值减小了 2 倍。不同温度下有压痕的碳化物试样退火后的弹性变形和位错运动变化确定了位错运动的起始应力 σ_s 和屈服应力 σ_y [31]。ZrC 等耐火碳化物的 σ_s，在 $0.15T_m$~$0.3T_m$ 的低温范围内是比较大的，这与具有高 Peierls 应力（固有晶格对位错运动的阻力）的共价晶体（Ge, Si）中的情况是类似的。σ_y 比 σ_s 高 3 个数量级，这给出了位错产生和位错固定控制的速率。金属的 σ_s 值比 ZrC 和 Ge 低 3 个量级。温度超过 $0.4T_m$ 时，金属原子和碳原子的形变机制发生变化，扩散速率明显增大。位错活跃的不可逆运动导致局部应力的松弛和随后屈服应力的降低。线形偶极子和位错环消失，位错网络开始产生。温度进一步升高到 $0.6T_m$，晶胞开始形成。碳化物和金属在变形过程中的位错形成非常相似,而碳化物位错运动起始点和晶胞结构形成的温度较高。

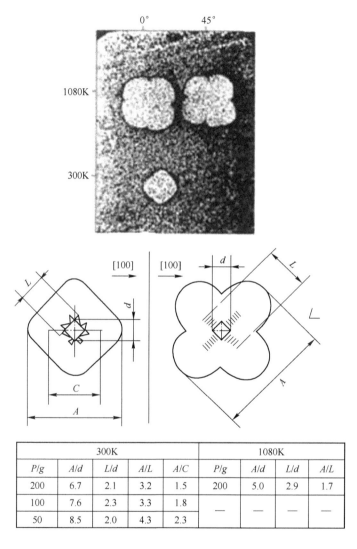

300K					1080K			
P/g	A/d	L/d	A/L	A/C	P/g	A/d	L/d	A/L
200	6.7	2.1	3.2	1.5	200	5.0	2.9	1.7
100	7.6	2.3	3.3	1.8	—	—	—	—
50	8.5	2.0	4.3	2.3				

图 4.12 方向为 0°和 45°,温度为 300K 和 1080K 条件下单晶位错散射弹性区 A、裂纹长度 C 在压头印痕 d 附近的变化

以粉末冶金为主要方法制备的燃料和核火箭发动机结构材料中存在许多结构缺陷，因为它们的强度水平相当不确定，在接近平均值的15%～25%范围内变化。强度等级取决于加载方法，但变化因子W实际上又与加载方法无关。用威布尔法计算出的单相和多相碳化物材料从拉伸到弯曲过程中的强度变化，与实验数据吻合较好。这种情况在确定机械建造核火箭发动机的可靠性时被考虑在内。

工程实践中强度的分布常用威布尔分布函数描述：

$$P(\sigma) = 1 - \exp\left(\int [(\sigma - \sigma_n)/\sigma_0]^m dV\right) \quad (4-3)$$

式中：$\sigma \geq \sigma_n$，σ_n是应力，小于该应力时断裂的概率等于零，这与物体的尺寸无关；σ_0为归一化参数；m为描述材料均匀性的参数，即缺陷在物体体积上分布的均匀程度。通过对数百个ZrC和NbC试样的弯曲扭转试验，得到的应力分布服从正态规律，用威布尔函数可以方便地描述应力分布。

4.3.2 结构参数对强度和断裂的影响

在脆性条件下，陶瓷强度的分布比金属强度大得多，这一特征首先是通过表面缺陷和体积缺陷的变化，以及缺乏应力松弛的应力集中部位对结构强度参数的影响来定义的。

脆性条件下陶瓷的强度主要由表面缺陷和体积缺陷决定[18,25]，固溶体形成的合金实际上对强度没有影响。烧结陶瓷样品表面严重凸出或电加工或金刚石切割后出现的微裂纹是[25]陶瓷强度低的原因。通过机械研磨和抛光消除这些表面缺陷使强度增加50%～70%，以牺牲体积缺陷为代价，强度变化几乎不变（图4.13）。

压痕在试样表面上会引入比在试样体积上更危险的应力集中，降低平均强度水平，急剧降低应力分布性。

以裂纹形式存在的危险缺陷应通过X射线方法来评估，该方法基于对试样施加载荷时X射线纹路展宽测量，测量时试样置于衍射

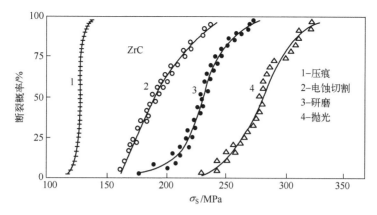

图 4.13 ZrC$_{0.97}$ 试样表面缺陷经过电蚀切割（2）、研磨（3）、抛光（4）和压痕（1）的平均强度和数据分布范围[25]

仪[34]的专用前置中（图 4.14）。

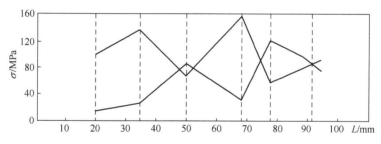

图 4.14 扭曲燃料元件 ZrC+UC 的两瓣的晶粒群结构和化学不均匀是产生残余应力的根源

在单相陶瓷中，40%的裂纹是大小为 $100\sim400\mu m$ 的圆形大体积缺陷。在某些情况下，裂缝发生在较低的应力下，但代价是在不均匀成形和随后的不均匀收缩过程中（图 4.15）出现分区特性。

这些以脆性多孔层形式出现的区域内的材料强度降低了 30%~50%，最大强度以及 T_{b-d} 与孔隙度相同，但与无脆性多孔层区域的陶瓷相比，增加了 300~400K[23,25]。在大多数情况下，陶瓷材料失效是一些

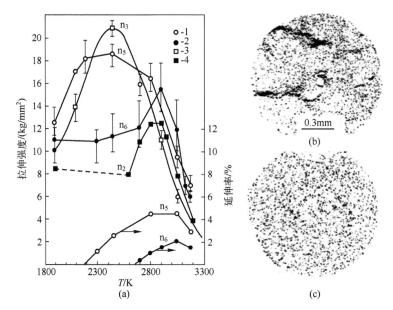

(a) 真空条件拉力作用下，变形率为 3×10^{-3}，有分区特性（П2，П6）ZrC 的强度和形变，及无分区特性（П0，П5）ZrC 的强度和形变；

(b) 有分区特性的 ZrC 的微观结构（П2）；

(c) 无分区特性 ZrC 的微观结构——批先冷扎和压制后，在 Ar 气氛中，2800K 温度下烧结 1h 工序下制造的 ZrC[23]

图 4.15　ZrC 的强度和形变

小裂纹导致的，这些裂纹在放大 1000 倍时才隐约可见，其半径与大气孔相比低许多个数量级。因此，前者能引起更危险的应力集中。

气孔的出现降低了物体的横截面，也明显降低了强度。在一定孔隙度下，ZrC 孔径由 $3\mu m$ 增大到 $90\mu m$，出现椭圆孔型，弯曲强度从 300MPa 降低到 170MPa，孔隙度为 5%~7%。孔隙率对强度的确切影响是很难确定的，因为在大多数情况下，即便孔隙率相同，其他结构参数也是变化的，如晶粒尺寸、表面和体积缺陷，以及杂质偏析[18]等。

结构参数在很大程度上取决于所选择的工艺参数。材料中气孔的

存在自然降低了物体的截面和强度,这可以通过经验关系来计算,如公式:

$$\sigma = \sigma_0 \exp(-BP) \quad (4-4)$$

式中:σ_0为无孔隙材料的强度;B为取决于孔隙大小和构型[35]的系数。陶瓷的脆-韧性转变温度随孔隙率的增加而增加,如ZrC和NbC的T_{b-d},随着孔隙率从7%增加到60%,弯曲试验时T_{b-d}增加了400K,压缩时增加了600~700K(图4.16)。由于塑性变形的抑制,最大强度降低并向高温方向转移,类似的变化也发生在碳化物-石墨成分中。

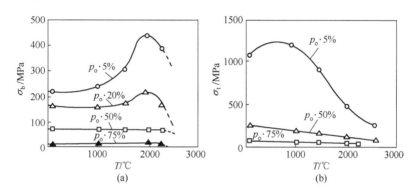

图4.16 不同孔隙率下,变形速率为3×10^{-3}/s,碳化锆的温度强度相关性
(a)弯曲;(b)压缩。

由于陶瓷中裂纹的晶粒尺寸、晶界分离添加剂以及晶界体积与晶粒体积之比等因素同时变化,强度与晶粒尺寸之间的关系较为复杂[17-18,25](图4.16)。

初次再结晶(材料初步形变后的退火)使ZrC的晶粒尺寸在5~2500μm的范围内变化而不改变边界条件。在这种情况下,晶粒尺寸的变化保持了在280K常温下的碳化物强度,观察到ZrC在累积再结晶后样品强度下降(图4.17)。如参考文献中所述,后者在陶瓷中更为常见。陶瓷的屈服应力$\sigma_{0.2}$在$0.6T_m<T>T_{b-d}$的温度范围内遵循霍尔

—佩奇定律[36]。

$$\sigma_{0.2} = \sigma_0 + k_y dg^{\frac{1}{2}} \quad (4-5)$$

式中：σ_0 为 Peierls 应力；k_y 是通过晶界的变形抗力系数。当温度高于 $0.6T_m$ 时，二者关系发生了根本性的变化。屈服应力 $\sigma_{0.2}$ 由于晶界的滑动和晶体的旋转而减小。

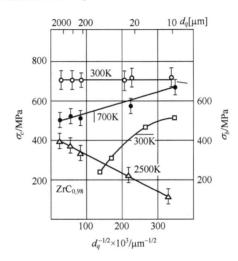

图 4.17 ZrC 真空中初次再结晶后的抗压强度 σ_c 和通过累积再结晶后的弯曲强度 σ_b

微观结构缺陷如气孔、晶界和位于晶粒或相成分之间的微裂纹影响粉末冶金方法制备材料的抗裂性能。K_{1c} 的值对于硬质合金单相材料不超过 $3\mathrm{MPa \cdot m}^{1/2}$，一般来说，$K_{1c}$ 不随温度单调变化。首先，K_{1c} 随温度的增加而减少或保持不变，只有当塑性增加时，K_{1c} 才开始升高。有效表面能与环境的关系非常复杂。

为了排除最不合格的工件和降低强度分散性，通过初步力学加载[14]进行排除是方便可行的。为了获得好的拒绝效果，在考虑可能的损伤性和经济可行性的强度分布（表 4.5）统计数据的基础上，有必要为每个产品加载一个模式和水平负荷。

表4.5 ZrC+NbC+UC燃料元件的拒绝结果

加载模式	水平加载		燃料元件总量	拒绝总量/%	增加强度/%
	σ_{rj}/MPa	σ_{rj}/σ_m			
旋转并弯曲	125	0.6	300	5	5
	140	0.7	1800	8	20
	175	0.85	450	35	23
旋转	10	0.6	23000	3	1.5

4.3.3 强度和蠕变的温度相关性

核火箭发动机中燃料组件不同部件中的材料瞬态和稳态下的工作温度在300~3000K较大范围内变化，因此了解力学和物理性质的变化是必要的。对于结构材料和燃料材料的间隙相类型，防止脆性破坏问题是最重要的。这种破坏是由于此类材料在宽温度范围内、不同加载方法、加载率及相对较低的抗拉强度（如与金属材料相比）条件下的高脆性造成的。对位错运动具有较大抗力的耐火碳化物特征是与强度[25]非单调相关的。首先，随着温度的升高强度基本不变，只有微塑性增长时强度才开始增加，由于材料中结构应力集中点缺陷附近局部峰值应力的热激活松弛，强度在脆韧性转变温度T_{b-d}下达到最大值（图4.18）。随着温度的进一步升高($T>T_{b-d}$)，陶瓷中微塑性也增长，强度如金属一般单调下降。非金属（O_2、N_2、C、Si）和金属杂质（由于相变和低熔点共晶的形成而产生金属杂质如铁、碳、镍）的出现可以将穿晶塌陷转变为晶间塌陷，也可改变强度对温度的相关关系。

陶瓷的脆-韧性转变温度不像金属中的T_{b-d}，当应力状态类型和形变率改变时,会发生强烈的变化(几百摄氏度)。随着ZrC拉伸变形速率从$10^{-3}s^{-1}$提高到$10^{-1}s^{-1}$，温度T_{b-d}从$0.6T_m$增加到$0.8T_m$。当冲击载荷的速率超过微观和宏观应力的松弛速率时,强度几乎保持在室温时对应的水平。在氧化物材料和具有强烈共价键的弱塑性Si和Ge金属

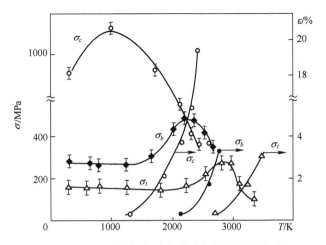

图 4.18 不同温度下 ZrC 强度与相对变形随加载类型的关系：σ_t、σ_b、σ_c 随变形率 $V=5\times10^{-3}/\mathrm{s}^{[25]}$ 的变化

中也观察到类似的情况(图 4.19)。

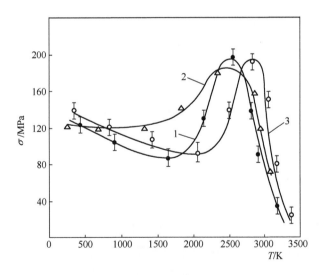

图 4.19 温度对拉伸强度 σ 的影响

1—ZrC0.9+5%UC；2—NbC0.9+5%UC；3—ZrC+35%+15%UC。

复合固相 ZrC+UC，ZrC+NbC+UC 溶液的转变温度 T_{b-d} 高于单相 ZrC。

长期强度随加载时间的增加而下降。断裂时间 τ 和稳态蠕变速率 ε' 与施加应力 σ 有关。观察得到了金属和陶瓷材料固有的蠕变动力学规律[33,37]，一般来说，施加应力 σ 下蠕变速率 ε' 的关系可以写成：

$$\tau = B \cdot \sigma^m \cdot \exp(U/RT) \tag{4-6}$$

$$\varepsilon' = A \cdot \sigma^n \cdot \exp(-Q/RT) \tag{4-7}$$

式中：A、B、n、m 为常数；Q、U 为蠕变和长断裂过程的活化能。对于在 2500~3000K 的温度范围内测试的硬质合金材料，活化能 Q 和 U 以及应力指数 n 和 m 实际上是一致的。

高温为 $0.6T_m$ 时，在 10~20MPa 的较小应力区间内，依据线性规律，蠕变速率主要由 σ 决定。考虑到这一点，我们通常明确应力阈值（$\sigma \geqslant \sigma_t$）而不是蠕变阈值；蠕变可以在任意很小的 σ 值下被观察到。原子的定向扩散不会引起蠕变阈值，而是按照纳巴罗-赫林的空位-扩散机制进行。蠕变速率与晶粒大小成反比，且在很大程度上取决于化合物的化学计量 [图 4.20（a）]。

在应力 $\sigma > \sigma_t$ 且伴随扩散的过程中，引起了位错的保守运动，相关量 ε' 变为 $\varepsilon' \sim \sigma'$ [图 4.20（a）]，在蠕变最后阶段产生了晶间滑动，晶界处产生了微孔，导致密度明显下降。一般来说，蠕变变形是由几个过程（扩散流动、晶界滑移、位错运动）而不是一个过程引起的。每个过程对蠕变的贡献取决于过程进行所经历的条件（温度、应力、持续时间）和对象的结构特征。

在 σ_t 值较大时，大多数情况下不存在蠕变瞬态和非定常阶段，但屈服点 $\sigma_{0.2}$ 更小。塑性应变的累积基本上发生在稳定值 σ_t 阶段，然后是加速蠕变，持续时间大约是断裂前所经历时间的 1/3。蠕变过程中一般累积的塑性应变为

$$\varepsilon = \varepsilon'\tau + \varepsilon_{\mathrm{III}}(\tau) \tag{4-8}$$

式中：ε' 为稳定阶段的蠕变率；$\varepsilon_{\mathrm{III}}$ 为加速阶段形变；τ 为时间。

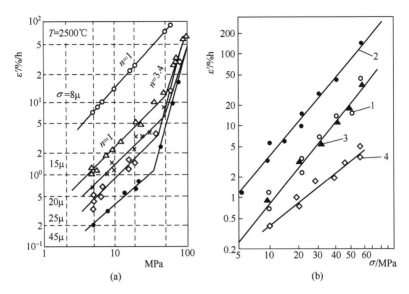

图 4.20 不同晶粒值的 ZrC 蠕变率随应力的关系

(a) $T=2900K$；(b) $T=2800K$。

1—ZrC-UC；2—ZrC-UC-C；3—ZrC-UC-7 质量%NbC；4—ZrC-UC-48 质量%NbC。

陶瓷的结构随蠕变应力的增加而变化，微气孔呈链式在晶粒边界处聚集，与加载作用方向垂直。结构的变化导致密度和物理性能的变化。例如，铍中孔隙率从 1.4% 增加到 12%，ε' 增大 2~4 倍。一般地，孔隙率与蠕变率的关系可以用经验公式表示：

$$\varepsilon' \sim \left(1 - \frac{2}{3}p\right)^{-1} \text{ 或 } \varepsilon' \sim (1-p)^{-3} \qquad (4-9)$$

式中：p 为试样的孔隙率。

ZrC[25]在循环载荷下的疲劳行为表明，陶瓷的疲劳裂纹可以在较低的应力下扩展。在室温环境空气中进行压缩加载循环试验，亚临界裂纹速度描述为

$$\frac{dl}{dN} = a(K_i/K_{ic})^n \qquad (4-10)$$

式中：K_i 为当前压力强度；K_{ic} 为断裂韧性；a 和 n 分别是取决于载荷

类型和环境的常数,用单轴压缩中心切口与轴线成一定角度平面试样的方法可以确定 K_{ic}。当压力强度为 K_{ic} 时,裂纹开始产生,之后裂纹长度偶有增加,压力强度逐渐降低到较小的 K_{1a} 值。随后的裂纹扩展只有在外部载荷增加的情况下才可能发生,这就允许多重测定一个试样的断裂韧性。循环试验结果表明,即使在 $K_i<K_{ia}$ 时,裂纹增长速度 dl/N 为 $1\times10^{-3} \sim 3\times10^{-3}$ mm/s。在 $K_i>K_{ic}$ 时,dl/N 增加到 1mm/s,n 取值范围为 75~89。观察到室温下压缩产生的亚临界裂纹增长与卸载阶段累积的局部微裂纹、裂纹表面光洁度的破坏有关。内部局部应力对陶瓷的疲劳行为起着重要的作用。这些局部应力的产生取决于烧结陶瓷坯[25]的化学成分、结构不均匀性和各向异性。在恒定的弯曲应力等于平均值的 0.8~0.9 时,σ_b 循环次数高达 10^6 次条件下,室温循环加载圆柱形 ZrC 试样的强度值 σ_b 不降低。ZrC 试样在 2300K 以上循环弯曲时,由于晶间黏性流动和局部应力的松弛,其强度得到了提高。

陶瓷抗裂纹扩展能力受微观结构的强烈影响,但断裂韧性和强度的优化通常涉及不同微观结构的选择,包括相变在内的个别增强机制。文献[18]中充分讨论了微裂纹、缠绕、延性强化、纤维/晶须强化和晶粒桥接。对于较小的 ZrC 晶粒、其孔径小于 $1\mu m$、孔隙率为 8%~10% 时,它的最优化结构具有最大的 K_{1c} 值,为 3.3MPa·$m^{1/2}$,弯曲强度接近 650MPa[25]。大多数难熔碳化物、氮化物和硼化物 K_{ic} 值不超过[17]5MPa·$m^{1/2}$。基于两种改质氮化硼的多晶体在较大局部内应力下具有极高的 K_{ic} 值,可以达到[17]18MPa·$m^{1/2}$。

4.3.4 抗热应力

抗热应力(TSR)是燃料组件构件效率的最重要特征[14,25,38-39]。

在已知的温度模式下,可以很容易地从考虑热变形应力和应变的组合方程中确定热弹性应力。无须对弹性理论进行修正,剪应力和应变之间的相互关系，以及静态和几何方程式都可以直接使用[6,35]。

热应力 σ 可以用下列关系式来定义：

$$\sigma = E \cdot \alpha \Delta T_m \cdot K_f / (1-\mu) \qquad (4-11)$$

式中：$T_m = (T_m - T)$ 计算的是总体平均温差 $T_m = (T_m - t)$ 断裂时刻的值（假定材料为弹性的且性质不变，其中 T_m 为物体横截面总体平均温度，T 为中心点或表面温度），α 为热膨胀系数，E 为弹性模量，μ 为泊松比，K_f 为形状因子。当 $K_f = 1$ 时，上式变化为关系式 $\sigma(1-\mu)/E \cdot \alpha = \Delta T m$，该式确定了抗热应力第一个标准，即 $R = \sigma_t (1-\mu)/\alpha_t E$（单位为度），$R' = \lambda R$ 是第二个标准，反映了材料在稳定或非稳定热影响下保持热流的能力。

材料的热导率 λ 越高，该物体在不被破坏情况下所能承受的热流就越大。应注意的是，结构中绝热材料依据 R' 的值选择是没有意义的，在这种情况下，必须使用 R 值进行估算，因为给定两种具有相同隔热性能的材料，更好的材料能够承受更大温度下降量的影响。

大部分耐热陶瓷材料的抗热应力处在 $R = 30 \sim 100K$（表 4.6）的范围内。而判据 R' 可在 $100 \sim 1500W/m$ 的更宽范围内变化。热应力 σ_{th}（引起第一次裂纹出现的值）略高于抗拉强度值和 σ_{th}/σ_b，σ_{th} 处于弯曲强度值 $0.45 \sim 0.57$ 范围内。

表 4.6 弹脆性状态下不同碳化物材料产品的热应力
R（T 在 $600 \sim 1200K$ 范围）[6]

产 品	材 料	$\alpha \times 10^6$ /K^{-1}	$E \times 10^{-3}$ /MPa	σ_1 /MPa	λ/W· m^{-1}·K	R/K	W/%
套管 $D_{out} = 52mm$ 壁厚 $\delta < 5 = 2mm$	碳纤维塑料 ZrC，孔隙率 $\rho = 75\%$ 多孔 ZrC+NbC，$\rho = 75\%$	5.1 6.3	17 16	8 11	0.5 3.0	95.0 68.0	24.0 21.0
壳体 $D_{out} = 48mm$ $\delta = 0.75mm$	多孔 ZrC+NbC, $\rho = 65\%$ ZrC, $\rho = 5\%$ NbC, $\rho = 12$	5.5 5.1 4.8	30 350 310	22 250 260	3.0 20.0 35.0	72.0 50.0 43.0	15.0 22.0 14.0

续表

产品	材料	$\alpha\times10^6$ /K^{-1}	$E\times10^{-3}$ /MPa	σ_1 /MPa	λ/W·m^{-1}·K	R/K	W/%
燃料元件 D_n=2.2mm	ZrC+NbC, ρ=10%, ZrC 薄片 ZrC+5.2%UC, P=5% ZrC+5.2%UC, P=5% ZrC+NbC+4.6%UC, P=5%	4.9 5.0b 5.2 4.9	350 3.0b 350 370	330 6.0 320 395	25.0 1.0b 12.5 10.0	56.0 >400.0 51 72	19.0 20 19

注:b 对应于 T=600K 的其他性能,ª 对各向异性薄片的 E 和 α 在与沉积面平行的方向测量得到,λ 则是通过在与该平面垂直方向测得

抗热应力与温度的关系对于评定陶瓷材料运行条件下的稳定性是必要的。抗热应力的温度相关性有三个特征区间[14]。陶瓷抗热应力在弹脆性温度范围内是不变的。热应力松弛使抗热应力在第二段随温度的升高而增大。在 ZrC 圆盘上采用[14]感应加热法进行的试验证明了这种可能性（图 4.21）。

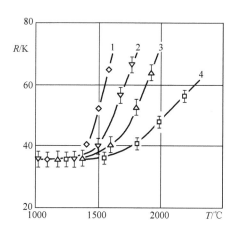

图 4.21 ZrC 盘（直径 30mm，厚度 2~3mm）的抗热应力随温度和加热率的变化

1—10K/s；2—50K/s；3—100K/s；4—200K/s。

无论加热速率如何,在温升最高达到1700K的过程中,ZrC的R值保持不变。多孔材料ZrC的抗热应力标准R和R'随材料孔隙率变化而变化(图4.22)。孔隙减小了物体的横截面面积,导致强度σ和弹性模量E的下降。σ和E与孔隙率P的关系可以用经验关系式来描述:

$$\sigma = \sigma_0 \exp(-BP), \quad E = E_0 \cdot \exp(-BP) \quad (4-12)$$

随着温度的相互补偿,尽管E下降,但α上升,αE乘积实际保持不变,材料强度在这个范围内不变,因此抗热应力的不变只是局限在500~1700K范围内。

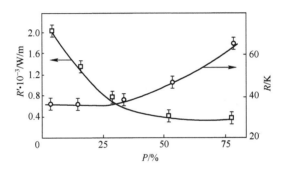

图4.22 ZiC的抗热应力判据R与R'随孔隙率的变化

在1700K以上,热加载速度越小,局部应力的下降越大,抗热应力增加就越大。当热应力松弛速度高于热应力形成速度时,观察不到材料的破裂。即使在1900K温度下,加热速率小于10K/s时ZrC试样也不会发生破裂,而在2000~2200K温度下宏观塑性开始出现时则更不会破裂。

在具有代表性的样本数(70~90)上测量的ZrC、NbC的R值分布具有威布尔指数关系。变异系数$W=S/R_m$(其中S为热应力阻力的偏差,R_m为平均值)与力学强度试验得到W值适当显著性一致。在弹脆性温度范围内,循环热加载并没有降低试样的承载能力。在热载荷和机械载荷[39]的共同作用下,陶瓷体的抗热应力发生了严重的变化。

在基体中引入硬夹杂物可以提高陶瓷材料的抗热应力。在 ZrC 和 NbC 基体中引入尺寸为 0.5~50μm 的第二相碳夹杂物,必然会降低基体的强度,但在选择最佳碳夹杂物浓度和种类的情况下,可使断裂韧性提高 1.5~2 倍。随着含碳量的增加,炭黑的抗热应力增大[14],石墨的抗热应力减小。随着 σ/E[14] 比值的增大,添加炭黑后的抗热应力可提高 2.5~3 倍(图 4.23)。

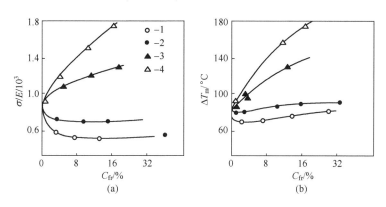

图 4.23 材料中 σ/E 和热应力阻力 ΔT_m 的修正值随炭黑(曲线 3、4)
或石墨(曲线 1、2)中碳成分含量的变化
(a) 锆;(b) 铌碳化物。

如含金刚石颗粒 ZrC 复合成分[28]所显示出的那样,夹杂物的体积含量、几何形状和尺寸对热应力阻力有明显的影响。

利用具有窄光谱晶粒合成的金刚石粉末(烧结后)得到的成分里含有确定尺寸的碳。ZrC 与金刚石粉混合好后,夹杂物均匀分布在基体中。此外,结构转变过程中金刚石体积的变化对烧结时各成分的压实过程有积极影响。引入小的碳颗粒(0.6~6μm),质量百分比最高为 5%,强度和断裂韧性没有实质性改变,但弹性模量显著降低。引入 50μm 的粒子导致 σ/E 和 K_{ic} 同时下降。随着金刚石颗粒体积含量的增加，强度和弹性模量的不充分变化导致 σ/E 值增大。因此，包含 0.6~6μm 粒径金刚石颗粒的混合物的抗热应力有较大提高。显然，断裂韧性增加对抗热应力的影响不大。含碳夹杂物的抗热应力在 400~1900K 温度范围内保持不变，在更高温度 2400K 时出现了第一个宏观塑性特征。

4.4 隔热包层材料

"Luch"生产研发联合研究院（RIPRA）开发了多项技术用于核火箭发动机（NRE）核燃料组件（NFA）的隔热包层材料（HIP）。

基于三种 ZrC+C 套管的五层隔热包层，如图 2.9（b）所示，设计的隔热指标[8]为 $2 \times 10^6 W \cdot m^{-2}$。隔热包层材料使核燃料组件外壳免受工作介质的热冲击影响。这种设计的特点是多层组合式封装结构，可显著减少裂纹向外壳的蔓延，并为在长度和厚度方面改变隔热包层材料组分留出了余量。

隔热包层的多层石墨封装结构，有着良好的绝热性能，还使得层与层之间形成"软"接触，既方便了组装，又使金属层之间的磨损最小化。每层以薄壁碳化物-石墨圆柱体的形式组成，其中低温段由碳化锆+石墨（ZCG）制成，高温段则由碳化铌+石墨（NCG）制成。层状结构作为燃料组件（HRA）的支撑框架，可防止隔热材料的碎片散落到热区的管道中。同时确保加热段（HS）的组装能有效安装到指定位置，并减少工作介质腐蚀和冲击的影响。核燃料组件之间由低密度热解石墨和多孔 ZCG、NCG 填充。低温区（T = 1500~2000K）采用低密度热解石墨制成的套管。在高温区，最初设计由基于石墨的碳化物层组成的所谓"层压板"。下一代设计已将其替换为由多孔 Zr 和 Nb 碳化物制成的套管。

隔热包层的内层是由 ZCG 或 NCG 制成的，含有 5%质量的游离碳。ZCG 的使用范围受到组分共晶熔化温度的限制，NCG 层作为一种刚性成分，可以防止隔热包层碎片进入热段管道。低密度热解石墨层（沉积在一个或两个壳层的表面）还可用于标识最大功率密度的特征区域，这个区域的长度到受环境（氢气）反应温度的限制。

在 1700~1800K 温度条件下，将 $ZrClCH_4+H_2+Ar$ 的气相混合物中的碳和锆颗粒沉积在薄石墨衬底上，以制备基于 ZCG 的层压热解组合物（ZrC+Pq）预成型坯[40]。

热解石墨（PGV）是一种多晶石墨，由气相碳源在 25~150mmHg 压力下沉积在加热的石墨衬底上制成[41-42]。热解石墨套管用于隔热包层的较冷区域，可提供可靠的热屏蔽，并防止核燃料组件（NFA）外壳暴露于氢气中。热解石墨在一定条件下具有非常理想的特性，即其导热系数随温度的升高而略有下降。

热解石墨的性能主要由衬底温度、蒸汽压强、流速及组成决定。通过将沉积温度从 1800K 提高到 2500K，可以得到密度为 $1.2~2.25g/cm^3$ 的热解石墨。

密度对热解石墨的物理性质具有重要影响，是影响热导率等主要性质的基本参数。热解石墨的显著特点在于各向异性。例如，垂直于沉积表面（c 轴）方向的热导率，可能是沿沉积表面（c 轴）方向的热导率的 50~100（具体与密度相关）；导热系数可能在 $1.5~7W/(m·K)$ 变化[42]。由于沿 c 轴的导热系数较低，热解石墨也可用于各种运行温度较高的电厂防热层。

热解石墨热导率的测量数据显示，绝对值和 c 轴上随温度的相对变化都存在较大的离散性[40-42]。这使关于燃料组件的热力学计算和特定热应力部件的性能预测都变得很复杂。为获得热解石墨可靠的热导率数据，通过采用标准方法对标准核燃料组件的部件进行了测量。结果表明热解石墨的热导率并不是单调变化的，而是在一定范围内，热导率随温度上升而下降，然后又上升（图 4.24）。

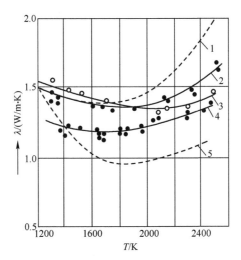

图 4.24　高密度热解石墨热导率曲线

1、2、3、4—从规则制品切出环状样品中的高密度热解石墨热导率；
5—文献数据[41]。

在约 1300K 的温度下，样品的热导率变化不超过 20%；而在约 2400K 的温度下，样品的热导率变化不超过 13%，这对于用相同技术处理的热解石墨来说完全可以接受。在以上情况下，热解石墨的测量误差 λ 不超过 8%~10%。

标准高密度热解石墨的热导率以及文献给出的热导率出现离散分布主要归因于缺陷的作用，及加工过程（沉积温度、热处理方式、气压和流速）、样品几何形状等因素。热解石墨的热导率通常高于在 2300~2500K 温度下沉积的热解石墨热导率（图 4.25）。这种导热系数随密度的变化是材料的结构变化所致，X 射线结构分析和显微结构表征证实了这一论断。

热解石墨结构的典型特征是存在大量的微裂纹（图 4.26）。微裂纹产生的原因包括：①冷却过程中温度梯度在不同层间产生的应力；②沿 c 轴和 a 轴热膨胀的各向异性。热解石墨层越厚，应力越大，形成微裂纹的可能性越高。

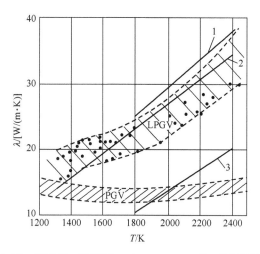

图 4.25 低密度（密度为 1.35~1.60g/cm³）热解石墨和高密度热解石墨热导率随温度的变化

图 4.26 热解石墨结构
（a）热解石墨结构；（b）低密度热解石墨结构（放大倍数为 70）。

壁厚 δ 为 0.75mm 的标准热解石墨产品可能具有相当长的微裂纹，通常形成多个生长锥。锥成形后，裂纹停止生长，新的裂纹在相邻层中产生。在标准热解石墨产品中，没有缺陷的结构是非常罕见的。由于微裂纹面与沉积面几乎是平行的，因此在热传递过程中，微裂纹在垂直于沉积表面的方向上起到了较大热阻的作用。微裂纹数量对热解石墨的热导率值及其随温度变化的规律具有重要影响。

粉末冶金加工技术对隔热材料的结构和性能有很大影响[21,38]。

ZrC 基试样的孔隙率从 5%增加到 70%会导致热导率下降一个数量级，具体取决于结构特征，尤其是取决于框架结构因数及闭合或敞开孔隙率。

例如，对于碳化纤维经锆热扩散浸渍处理后形成的多孔纤维 ZrC [图 4.27（d）]，尽管具有相同的密度，但其导热率却低于具有连续框架基体的碳化物。多孔结构不可避免地导致同一批次样品之间热导率值的离散。值得注意的是，高度多孔化碳化物材料的热导率与致密碳化物材料的热导率相似，只有在高于 1800℃ 的温度下，孔隙中的热辐射才会产生一定的影响。

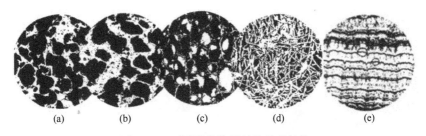

图 4.27 不同碳化物材料的微观结构

(a)、(b) 多孔（$P \approx 75\%$）ZrC 碳化物；(c) 泡沫 ZrC 碳化物；
(d) 纤维状 ZrC 碳化物；(e) 层状碳化物-石墨（ZrC+Pq. $P=25\%$）。

具有相近化学计量组成的 ZrC 基纤维直径为 15～20μm。碳化物的体积密度（取决于碳化状态）在 70%～90%变化，孔隙率约为 70%时，热导率约为 2W/(m·K)。这些试样的抗压强度较低，仅是抗拉强度的 1.2～1.5 倍[42]。在孔隙率相同的情况下，多孔碳化物比纤维状 ZrC 强度更大，但绝热性能略低。温度高于 2300K 时，即使在中等压缩载荷下，纤维状 ZrC 也具有较大收缩率，这使得多孔碳化物成为隔热包层材料的首选材料。加工方法的选择会影响多孔碳化物的结构稳定性[43]。将碳化锆和溴化钾粉按 1:10～1:300 的比例与黏结剂（天然橡胶）混合，然后该混合料在真空中进行压制和预烧结，以便在高于碳化物烧结点的温度下脱黏，随后进行最终烧结，形成固结的多孔部件。预烧结是在11h内升温至2300K，随后等温停留0.5h，而最终烧结是在5h内以升温至2800K，随后等温停留0.5h。

采用这种烧结技术的产品的孔隙率为50%~85%（取决于填料量）。其中，与造孔剂（填料）粒径相对应的较大的胞孔使得高温下孔隙仍具有稳定性。

由气相沉积得到孔隙率为30%的碳化物-石墨层（ZrC+Pq）结构[图4.27（e）]，具有更强的隔热性能（图4.28），这与高度多孔化的碳化物性能不一致。

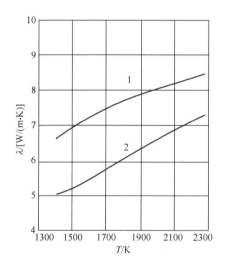

图4.28 多层交替的碳化物-石墨层的热导率

1—35%~40%（质量分数）ZrC，60%~65%（质量分数）热解石墨；

2—55%~60%（质量分数）ZrC 和 40%~45%

（质量分数）热解石墨，每层厚度0.25~0.5mm。

需要注意的是，高孔隙率碳化物材料的热导率与致密碳化物相似（图4.29），只有在1800℃以上的温度，孔中的热辐射才会产生一定的影响。

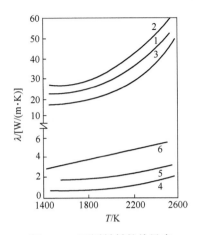

图 4.29　不同材料的热导率

1—ZrC，$\Pi=6\%$；2—ZrC+5%C；3—ZrC+5%UC；4—热解石墨；
5—纤维碳化物 ZrC，$p=70\%$；6—泡沫碳化物 ZrC $\Pi=65\%$。

4.5　中子慢化剂的氢化物组成

过渡金属氢化物可用作高温下的小型高应力核动力装置（NPI）的中子慢化剂[2-3]。以核火箭发动的氢化锆慢化剂模块为例，它可在推力加速状态下仍保持结构完整性，并且在双模功率区间，功率密度为 $1\sim1.5\text{kW/m}^3$，平均温度为 570K，在模块温度梯度约为 110K 时仍保持化学惰性。

一般通过对加热的金属预制件直通氢浸渍或对金属氢化物粉末进行模压处理的方法来加工氢化锆零件[44]。直通氢浸渍是指浸渍金属预制件时控制氢的扩散，直至达到一定的氢体积分数。对于模压处理，其优点是可以加工无孔材料，并且工艺相对简单；缺点是预制件浸渍所需的周期长（对于大尺寸的样坯，长达数周），且需要使用到高压设备。

由氢化物粉末形成部件可以提高氢化物部件生产效率和复合生产能力。粉末基材料的主要缺点是晶界不完善，导致其在气体介质中的耐腐蚀性较差。金属锆与氢的反应自发进行并伴有热量产生。氢化物形成之前，这种自发的反应通常会导致由应力和脆化作用导致的浸渍金属开裂。需要通过控制浸渍速度防止开裂，使应力产生和松弛过程更加平衡。从金属-氢体系的平衡相图可以得到定性过程和成相动力学描述，如 ZrH 图（图 4.30）。

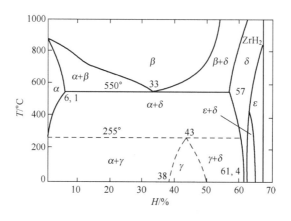

图 4.30 锆氢平衡图

这一过程大致可分为三个阶段。第一阶段是在锆中形成氢的 β 固溶体（高于多晶转化温度）。第二阶段是氢化物相的形成（首先在表面上，然后在本体中）。这一阶段带来材料的体积变化，从而产生的应力可能超过材料的极限强度。第三阶段是氢化物相的成分均质化，并伴随着应力的重新分布（大小和符号）。H 浸渍 Zr 的过程伴随着体积变化（变化可达 20%），组成与 MeH_2 接近（如 Zr 氢化物）。体积变化的大小影响氢化过程中材料应力的大小。

"Luch" 研究所根据氢扩散和蠕变研究中积累的数据[45-46]，提出了一种优化的氢化工艺。

由于氢化锆的强度和断裂韧性不足[44]，在运行状态下产生的热应力容易导致氢化锆脆性断裂，因此需要清楚氢化锆的基本力学参数。直通式浸渍处理的氢化锆样品的耐热应力值与温度存在较强相关性（表4.7）。

表4.7 温度对 $ZrH_{1.85}$ 的强度 σ_B，耐热应力 ($\overline{R}$, R') 和物理性能的影响

$T/$ °C	$\sigma_B/$ MPa	$E×10^4/$ MPa	$\sigma/$ $E×10^3$	$\alpha×10^{-6}/$ K^{-1}	$\lambda/$ [W/(m·K)]	$\overline{R}/$ K	$R'×10^2/$ (W/m)
-190	—	—	—	4.0	—	85	—
20	29.4	6.86	0.4	6.0	28	70	20
200	40.2	6.08	0.7	0.8	32	70	22
400	53.9	5.29	1.0	12.8	34	70	24

在190~900℃的温度范围内，尽管有两种强度差异，但试样的抗热应力（TSR）是稳定的。随着温度的上升，强度增加，E 模量却下降，但迅速增长的线性膨胀系数补偿了这一不利影响，也可以通过计算 R 值证实实验测量 TSR 值的稳定性。试样的整体结构和各种加工处理后氢化物的表面质量对强度和 TSR 均有影响[44]，表面抛光后的样品 TSR 值最大。

当金属相体积含量为20%~40%时，氢化物复合材料形成，这降低了马氏体晶粒的性质，见图4.31。且由于局部应力松弛，断裂韧性和抗拉强度的提高使抗热应力提高了2~3倍，σ/E 关系见表4.8。

表4.8 掺杂金属氢化物复合材料的抗热应力和力学性能的提升

含 量	掺杂尺寸 $l/t/\mu$	$\sigma_b/$ MPa	$\sigma/E×10^{-3}$	$K_{IC}/$ (MPa)·$M^{\frac{1}{2}}$	R/K
$ZrH_{1.8}$ $d_3=500\mu$	—	30	0.43	1.7	80
$ZrH_{1.6}+27\%Zr$	120/200	140	1.9	2.2	120

续表

含量	掺杂尺寸 $l/t/\mu$	σ_b/MPa	$\sigma/E \times 10^{-3}$	K_{IC}/(MPa)·$M^{\frac{1}{2}}$	R/K
$ZrH_{1.7}+19\%Al$	150/300	130	1.9	3.0	160
$ZrH_{1.5}+30\%Al$	130/100	136	1.9	4.0	190
$ZrH_{1.7}+22\%Be$	70/40	450	4.7	2.5	95
$YH_{1.9}$, $d_3=250\mu$	—	20	0.15	1.5	21
$YH_{1.1}+40\%Y$	100/110	45	5.6	4.0	40
$TiH_{1.6}$, $d_3=20\mu$	—	150	1.3	2.2	75
$TiH_{1.2}+18\%Ti$	150/3	390	3.5	3.4	140
$TiH_{1.8}+40\%Ti$	30/5	840	7.6	7.6	300

注：l、t 为粒子的长度和宽度；d_3 为总计尺寸。

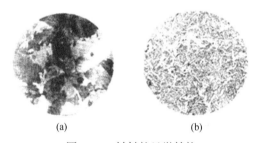

图 4.31 材料的显微结构

(a) 非合金化粗晶马氏体 $ZrH_{1.85}$ 的显微结构（×150）；

(b) 含 Ti 金属的精细颗粒 TiH 的显微结构（×150）。

4.6 提高陶瓷强度的方法

通过选择制造工艺和参数在较宽温度范围内改善有限塑性陶瓷材料性能时，应考虑其运行参数。对于在脆性破坏温度范围内运行燃料组件（HRA）的部分材料，需要提高其强度和断裂韧性，可以通过减少材料缺陷以及设计特定结构来实现这一目的。可通过以下方法提高材料在该温度区间的强度;优化冷凝和烧结过程来消除结构缺陷[26-27];控制缺陷修复和热力学过程[32];改变表面应力状态[47];碳掺杂[28-29,38]或形成金属带[25];使用纳米晶技术[48-49]。

在 T/T_m>0.5 条件下通过愈合消除表面缺陷,可以显著提高强度。当裂纹边缘通过表面扩散相接触时,径向裂纹开始愈合,愈合深度可达到 ZrC 试样半径的一半。随着单位长度上的裂纹边缘接触数量的增加,愈合得到加强,裂纹边缘开口 δ 减小。在 T/T_m = 0.6 时,δ = 1~2μm 的裂纹愈合在数小时内完成,强度恢复到初始水平(图 4.32)。δ>3μm 和极少量的边缘接触的裂纹,在同样时长内无法愈合。

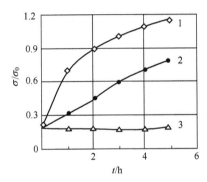

图 4.32 T = 2800K 时,$ZrC_{0.95}$ 试样愈合后的强度变化裂纹边缘开口宽度:
1—1μm;2—2~1.5μm;3—3~4μm。

在热处理条件下,愈合过程分为两个阶段。第一阶段动力学过程主要由 Zr 原子在 ZrC 中的表面自扩散决定。第一阶段后,裂缝是一个孤立的空腔系统,表面扩散再也不能使其体积减少,此时材料的黏性流动促进裂纹愈合,但愈合速度较低(第二阶段)。

强化陶瓷材料的另一种方法是在表层形成残余压应力,可以防止裂纹的出现和扩展。试样或物体表面残余应力的形成来源于沿截面非均匀分布的热弹性应力松弛。

与金属相比,陶瓷材料的延展性差,因此它们的强化是在 Bio 值约为 10^{-1} 等较小标准下进行的,如对加热后的试样进行气流冷却或辐射冷却[14](图4.33)。在较高的 Bio 值下,热弹性应力松弛速率将小于其增加速率,从而导致开裂。脆性-韧性转变的温度限制了强化温度的下限,而强度下降则限制了强化温度的上限。那么在 $T_{b-d}<T<T_s$ 范围内,温度升高可以起到强化效果。强化后陶瓷的强度增益一般为 20%~40%(图4.31)。

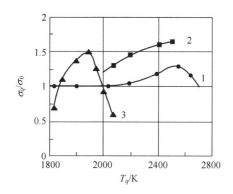

图4.33 $ZrC_{0.95}$(曲线1、2)和 Sc_2O_3(曲线3)的弯曲强度变化与淬火温度(T_q)和冷却方法的关系

1—辐射冷却;2—气态氦流冷却;3—硅油冷却。

基于应力集中区附近的应力松弛[32],可在 $T/T_m>0.6$ 时通过热力学处理(TMT)减少临界体积缺陷。

在低变形速率 $\varepsilon'<10^{-1}/s$ [图4.34(a)]或在应力高达 $0.6\sim0.8\sigma_{max}$ 时的静态加载[图4.34(b)]条件下,初始的小变形($\varepsilon<0.15\%$)可使强度增加约2倍。如上所述,粉末冶金法制备的材料中存在大量的体积缺陷,可以通过宽 X 射线谱法测量弹性区域内载荷作用下出现的随时间变化的微应力来评估整体结构缺陷,然后剔除缺陷样本。随着负荷的增长,线宽越密集,材料的缺陷就越多。在可能发生宏观塑性变形的温度区域,可以通过几乎所有用于金属的方

法优化短期和长期的力学热强度参数。变形过程由位错运动控制的温度区域，采用的方法是通过亚结构强化、固溶体掺杂导致化合物中形成更强的化学键，以及掺杂形成第二相来降低位错迁移率。载荷条件下，高温蠕变变形主要由晶界滑动引起时，再结晶能有效提高强度，晶粒尺寸增大，晶界长度显著减少。在使用强化方法时，必须考虑到改善高温下力学性能的结构变化不应损害 $T<T_{b-d}$ 温度时的力学性能这一宗旨。在不同的介质（氢气、氩气和真空）中选择 ZrC 样品传统等温烧结的最佳参数，可以实现材料的高密度（不低于95%），并且在 2500~2700K 的烧结温度下可获得约 550MPa 的弯曲强度[27]。

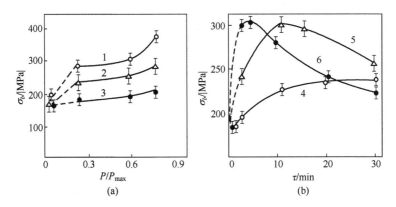

图 4.34 不同的形变率条件下静态加载，高温（$T=2100K$）热力学处理后碳化锆试样的强度变化

(a) 中 ε 最高可达 0.15%，1—$\varepsilon'=10^{-4}$/s；2—$\varepsilon'=10^{-3}$；3—$\varepsilon'=10^{-2}$；
(b) 中 4—$\sigma/\sigma_{max}=0.3$；5—$\sigma/\sigma_{max}=0.6$；6—$\sigma/\sigma_{max}=0.8$。

第5章
燃料组件元件的抗辐射性

燃料组件（FA）和结构材料抗辐照损伤的评估是在 IVG-1[50] 反应堆试验期间进行的，辐照后开展了性能测量。在特定反应堆回路中，中子通量和测试温度分别在 $10^{12} \sim 10^{15}\,\mathrm{n/m^2 s}$ 和 $450 \sim 2000\mathrm{K}$ 变化[51-52]。在推进模式下，核火箭发动机燃料组件中的铀燃耗在 1h 内达到约 $5\times10^{15}\,\mathrm{fiss/m^3}$，大功率状态下持续 5000h 约为 $2\times10^{20}\,\mathrm{fiss/m^3}$。燃料测试中在 $300 \sim 4000\mathrm{s}$ 内放热水平保持在 $15 \sim 35\,\mathrm{kW/m^3}$，总共测试了 200 个燃料组件。

在一些专著[53]和文献［16-54］中可以找到辐照条件下材料行为的一般规律以及关于间隙相的内容，但是缺少碳化铀和氮化物（元素周期表上 4~5 组氮的化合物）固溶体燃料材料辐照性能变化的数据。

燃料元件（HRE）的抗辐照性能主要体现在尺寸稳定性上。由铀、锆和铌碳化物组成的固溶体燃料元件肿胀取决于裂变密度和反应堆的辐照温度（并不具有单调性[52]）。辐照温度 $T=1100\mathrm{K}$ 时，UC+ZrC+NbC 和 UC+ZrC 燃料组分辐照剂量增加至 $2\times10^{19}\,\mathrm{fiss/m^3}$，由于辐照缺陷（主要是空位）的积累，肿胀增加 5%，电阻增加达

80%（图 5.1）。

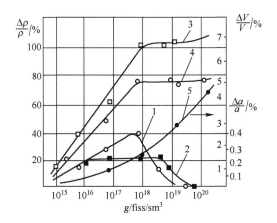

图 5.1　在辐照温度 $T=1100K$ 时燃料材料的参数变化
1、2—晶格间距变化 $\Delta a/a$；3、4—电阻相对变化 $\Delta \rho/\rho$；
5—肿胀体积相对变化量 $\Delta V/V$ 随裂变密度的变化；其中曲线 1, 3, 5 为 ZrC+8%UC（孔隙率 $P=5\%$），曲线 2, 4 为 ZrC+8%UC+1%C。

燃料中辐照孵育期的气泡肿胀变化来源于两种竞争过程：以辐射诱导缺陷积累为代价的肿胀和辐照烧结[52]。这期间，肿胀几乎与材料成分无关，主要取决于辐照温度。由于裂变产物的浓度仍然最低，试样尺寸变化主要来自辐照下点缺陷累积导致的逐渐肿胀。计算表明，$B=2\times 10^{20}\,\mathrm{fiss/m^3}$ 时，裂变产物累积对体积的贡献为 0.85%，即约占肿胀的 35%。因此，在 $T=1000K$ 和 $B=8.4\times 10^{17}\sim 2\times 10^{20}\,\mathrm{fiss/m^3}$ 的条件下，尺寸变化是由辐照引起缺陷（主要是空位）累积产生的肿胀导致的。

对于组成为 UC+ZrC+NbC、UC+ZrC 的燃料，在辐照温度 $T=2100K$ 条件下，气泡肿胀在燃耗 $B=2\times 10^{19}\,\mathrm{fiss/cm^3}$ 时开始发生，初始孔隙率 P_0 在 $7\times 10^{17}\sim 1.8\times 10^{19}$ 范围内，辐照试样体积变化 $\Delta V/V_0$ 由本构方程定义：

$$\frac{\Delta V}{V_0} = -C_0 P_0 [1 - \exp(-B/B_0)] \qquad (5-1)$$

式中：C_0，B_0 是取决于辐照温度和燃料成分类型的常数；P_0 为初始孔隙率；B 为燃耗。

裂变密度（2×10^{20} fiss/m^3）恒定时，辐照温度由 1000K 升高到 2100K，同一燃料组分肿胀率提高到 6%，但晶格常数变化 $\Delta a/a$ 和电阻变化 $\Delta \rho/\rho$ 减小到初始无辐射时的数值[34]，这与辐射诱导缺陷退火有关（图 5.2）。

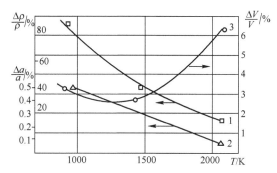

图 5.2 在裂变密度为 2×10^{20} fiss/m^3 时，燃料材料 ZrC+8%UC（孔隙率 $P=5\%$）的下述参数随辐照温度的变化[55]
1—电阻相对变化 $\Delta \rho/\rho$；2—晶格间距相对变化 $\Delta a/a$；
3—肿胀体积相对变化 $\Delta V/V$。

随着燃料元件温度的变化，在中心燃料组件处观察到的燃料元件电阻 $\Delta \rho/\rho$ 发生了值得注意的变化，具体如图 5.3 所示。

肿胀的同时，微观结构也发生了变化。气孔主要分布在晶界和石墨夹杂物上。UC-ZrC-NbC 的三固溶体显示出最大的孔隙率增量（15%～20%）。孔隙的产生增加了电阻率 ρ，降低了弹性模量 E，同时，文献 [51] 中给出了在已知的关系下 ρ 和 E 的计算方法。

对碳化物燃料的研究基于多项成熟的技术[50]，证实了在高温和低温部分，径向非均匀性肿胀影响了燃料表面应力的大小和方向。晶格常数沿燃料半径的变化规律为 $a_0 = f(R)$，近似于抛物线形[34,56]，通过 X 射线对倾斜度较大燃料的各个部分 a_0 进行测量，结果如图 5.4 所示。

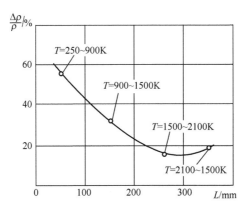

图 5.3　随着燃料元件温度的变化，沿中心燃料组件方向燃料
元件电阻相对变化量的下降

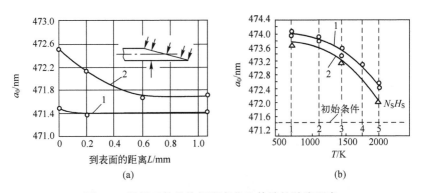

图 5.4　燃料元件晶格间距变化和估计的肿胀程度

（a）辐照前、后，直径 2.2mm 的扭曲燃料组件在第五加热段截面上的晶格间距变化；
　（b）通过不同加热段燃料元件的表面晶格间距估计的烧料元件肿胀程度。
　　　（a）1—辐照前；2—辐照后。（b）1—通过不同加热段燃料元件的
　　　　　表面晶格间距估计的烧料元件肿胀程度；
　　　　　2—通过内部晶格间距估计燃料元件肿胀程度。

由于点缺陷的湮灭,沿燃料元件半径分布的辐射缺陷浓度不同(表面处较高而受热中心处较低),导致晶格常数发生抛物线形变化。这将在表面层中引起压缩应力,从而导致强度和耐热强度增加。在裂变密度 $B = 10^{16} \sim 10^{18}/cm^3$ 和 $T < 0.4 T_m$ 的情况下,经通量 $J = 10^{14} \sim 10^{15}/cm^2 \cdot s$ 的中子辐照,UC-ZrC 和 UC-ZrC-NbC 型燃料元件强度提高了 30%~50%,耐热强度提高了 70%~80%。而当裂变密度增加到 $10^{18} fiss/m^3$ 以上时,由于空位和气孔的形成及材料的部分非晶化,强度增量减小,具体如图 5.5 所示。

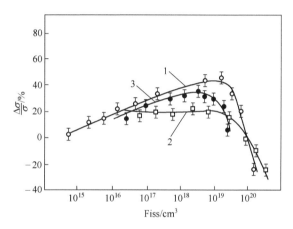

图 5.5 温度 800~1000K 时燃料元件强度变化与裂变密度的关系
1—UC-ZrC-NbC;2—UC-ZrC;3—UC-ZrC+5%C[56]。

与二元、三元固溶体相比,碳化物石墨(UC-ZrC+5%石墨)在较低的燃耗下发生强度损失。在不小于 $2 \times 10^{19} fiss/m^3$ 裂变密度条件下,辐照下二元固溶体 UC-ZrC 保持稳定性。

可以通过燃料表面晶格常数 a_0^s 的变化和测得的弹性模量值 E 来计算作用于非均匀肿胀的表面上的残余应力 $\sigma_{rs}^{[34]}$:

$$\sigma_{rs} = [A/(1-v)] \times (\Delta V/V) = [E/(1-v)] \times (a_0^s - \bar{a}_0) \quad (5-2)$$

1500K 温度下,对加热后的燃料元件进行等时退火可以消除肿胀和残余应力的不均匀性，使强度恢复到辐照前的初始水平，而对于结构性碳化物而言，相同的辐照剂量只会引起弹性模量和强度的微弱变化，但晶格间距和电阻会显著增加，如图 5.6 所示。

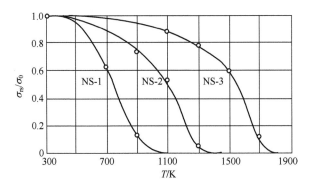

图 5.6 燃料组件的三个加热段等时退火后
残余应力变化 σ_{rs}/σ_0

结构碳化物材料所处的辐照条件类似于燃料材料的辐照条件，同时保持试样体积和形状不变，会导致晶格参数的显著增长及电阻的增长，还会导致强度和杨氏模量的微弱变化[57]。

辐照后，Zr 碳化物的密度增大，而 Nb 碳化物的密度变化不大。ZrC 的晶格参数和电阻的增加比 NbC 明显，但微硬度则相反。ZrC 的抗裂性（通过硬度计压头载荷 P 的变化测定）下降幅度比 NbC 大得多，而热稳定性增加了约 1.7 倍。ZrC 和 NbC 等的摩尔固溶体的行为与 ZrC 相似，ρ 与 NbC 也接近，而热稳定性却完全不一样。

测量得到的电阻变化证实了辐照诱导缺陷对碳亚晶格具有显著影响，使辐照后的 ZrC 和 NbC 电阻比纯金属绝对增益要高得多。ZrC 和 NbC 在辐照下行为的差异归因于 Ⅳ 和 Ⅴ 族碳化物电子结构特征的不同[57]，如表 5.1 所示。

表 5.1 辐照试样的物理力学性能

性能	材料		ZrC	NbC	(Zr, Nb) C
$\gamma/(g/cm)^2$	初始		6.40	7.4	6.97
	辐照	150℃	6.29	7.4	6.84
		1100℃	6.27	7.4	6.91
$a/Å$	初始		4.692	4.471	4.575
	辐照	150℃	4.714	4.488	4.598
		1100℃	4.698	4.472	4.578
$\rho/(\mu\Omega \cdot cm)$	初始		43	50	68
	辐照	150℃	250	90	100
		1100℃	65	50	68
$\dfrac{\sigma}{\sigma_{min}-\sigma_{max}}/$ (kgf/mm^2)	初始		$\dfrac{250}{220-310}$	$\dfrac{350}{300-410}$	$\dfrac{380}{320-400}$
	辐照	150℃	$\dfrac{320}{240-450}$	$\dfrac{350}{310-400}$	$\dfrac{280}{260-340}$
		1100℃	$\dfrac{260}{240-300}$	$\dfrac{390}{340-410}$	$\dfrac{340}{310-490}$
$E \times 10^{-3}/$ (kgf/mm^2)	初始		41	49	46
	辐照	150℃	41.5	47.5	45.5
		1100℃	41	50	47
Hμ/ (kg/mm^2)	初始		2050	1400	1600
	辐照	150℃	2300	2500	1900
		1100℃	2200	1600	2000
P/g	初始		100	120	120
	辐照	150℃	40	100	60
$\overline{\Delta T}/$ ℃	初始		45	70	500
	辐照	150℃	75	130	30
		1100℃	75	135	50

当辐照温度升高到 1300K 时，ZrC 和 NbC 的行为差异与 450K 时基本相同，但辐照损伤变小。特别值得注意的是耐热性的提高，这可能是残余压应力和辐射诱导愈合的影响。

进行在充氦安瓿瓶内低功率辐照 UC-ZrC 和 UC-ZrC-NbC 燃料棒实验，结果表明辐照后燃料棒表面裂纹产生了衰减效应，这证实了辐射诱导的愈合现象。可以通过监测强度 σ 的变化估计裂纹的愈合程度、中间燃料棒的电阻 ρ 和挠度 f，从而综合评价辐照影响。试验结果表明，在相对较低的温度（1100K）下进行纯热退火，碳化物表面裂纹不能愈合，见表 5.2。如果同时存在辐照或再照射，则裂纹完全愈合。

表 5.2 UC-ZrC-NbC 燃料元件在核反应堆中受辐照产生表面裂纹后，各种特性的平均相对变化（f, ρ, σ）

性能	初始值	裂纹产生后	退火后 $T=1100K$, $\tau=290h$	辐照后 $T=1100K$, $\tau=290h$	额外辐照后 $T=1100K$, $\tau=1.5h$
f	100	124	125	104	100
ρ	100	126	125	141	103
σ	100	45	4	198	207

可以看到，裂纹引发燃料棒强度减半，辐照后 98% 又被强度回弹所恢复，其中 38% 对应于无裂纹燃料棒中观察到辐照增强，余下的 60% 归因于裂纹生成过程中消耗了一些关键的表面缺陷，这导致燃料棒表面的结构缺陷愈合。在辐照下观察到缺陷加速愈合，可能是因为其尺寸远小于热裂纹的"位移峰"。在 T_{irr} 温度以上进行再退火，在辐照和裂纹引入之前，强度增益并未消失，而挠度和电阻恢复到其初始值。

辐照对热电温度传感器的稳定性存在影响，因此需要确定可能的测量误差。研究表明[13]，在反应堆辐照作用下，热电动势表现出可逆和不可逆的变化。小体积热结中额外能量释放引起的可逆变化可以忽略不计，而不可逆的变化则随中子注量的增加而明显增加，因此需要将误差分量作为常规变量进行考虑。例如，热电偶钨铼 VR5/20 的测量误差 ΔT，由以下方程计算[13]：

$$\Delta T_r = a_\varphi \varphi_T + a^2 \varphi_b \sigma_{eaj} \cdot T_{irr} \qquad (5-3)$$

式中：φ_T、φ_b 分别为热中子和快中子的影响；T_{irr} 为辐照温度。

5.1 石墨材料的辐射耐久性

由于石墨材料被用于隔热包层（HIP），因此需要研究某些石墨材料在 1400~1700K 温度下的辐照耐久性[58]。首先需要关注的就是石墨收缩率。对于许多类型的石墨（非煅烧焦炭的各向同性 MPG-6 石墨除外），在一定的中子通量区间内（最高达 $2.75 \times 10^{25}/m^2$），1400~1700K 的辐照温度下，水平和垂直方向上都观察到了样品收缩。将辐照温度降低到 1200~1500K 可以减小收缩率和几何尺寸变化的各向异性，如图 5.7 所示。

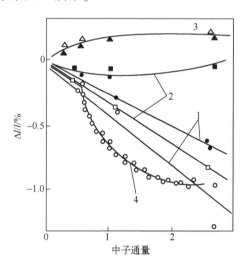

图 5.7 不同类型的石墨试样

1—RBMK；2—VPG；3—MPG 6，在温度 1570~1770K 下，受一定通量中子辐照后相对长度的变化。图中，■▲●表示试样垂直于压实轴切割；□△○试样平行于压实轴切割；1、2、3 为辐照后的结果；4 为辐照期间的结果。

同时，所有石墨的比电阻相对变化减小，弹性模量相对变化增大。石墨材料的这种行为可以归结为微观结构的破坏及孔洞、裂纹的出现。

5.2 慢化剂材料的辐射耐久性

核火箭发动机运行（1000s）过程中，氢化锆慢化剂的放射性变化很小。反应堆辐照（积分中子通量为 $10^{21}/cm^2$ 量级）后，氢化锆可肿胀约1.5%[59]。氢化锆肿胀与温度是非单调相关的，550K 时肿胀最小，800K 时肿胀最大。在 855K 温度下，快中子（通量为 $3\times10^{20}/cm^2$）辐照 3000h 后，电阻变化 7%[60]。在 320K 时，快中子（通量为 $3.2\times10^{21}/cm^2$）辐照后，$ZrH_{1.8}$ 热导率[60]从 31W/(m·K) 降低到 18W/(m·K)。总体而言，辐照研究的结果表明，运行条件下，核火箭中燃料组件的效率仍得以保持。

第6章
工作介质中材料的腐蚀

决定燃料组件运行条件的一个重要因素是材料在添加了甲烷的氢气中的耐腐蚀性[4-5]。

碳化物与气体相互作用程度由碳化物的成分和活性气体的分压来确定[16,61-62]。活性最大的是氧气,即使在较低的分压下(10^{-3}%~10^{-1}%的体积百分比)也能与碳化物作用。ZrC与氧相互作用的机理可以通过以下方程式表示,如表6.1所示。NbC和固溶体ZrC-NbC的氧化机理较为复杂,因为Nb-O体系中存在一组在高温下会升华的氧化物,且这些碳化物的氧化产物在极窄的温度区间内有着不同的组成。ZrC和NbC的氧化动力学特性如图6.1和图6.2所示。

表6.1 ZrC氧化机理随温度的变化

编号	反应方程	温度范围/℃
1	$2ZrC+3O_2 \rightleftharpoons 2ZrO_2+C+CO_2$	<600
2	$ZrC+2O_2 \rightleftharpoons ZrO_2+CO_2$	600~1000
3	$ZrC+3/2O_2 \rightleftharpoons ZrO_2+CO$	1200~2000
4	$2ZrC+(x+y/2)O_2 \rightleftharpoons ZrCl-xO_y+xCO$	2200~2500
5	$2Zrc+ZrO_2 \rightleftharpoons 3Zr+2CO$	2400~2700

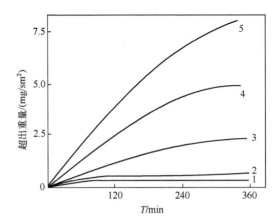

图 6.1 碳化锆在空气中的氧化（$ZrC_{0.95}$，$C_{total}=11.4\%$，$C_{free}=0.3$；$O+N=0.10\%$；$\Pi=3\%\sim5\%$；$L=8\mu m$）[61]

1—$T=850K$；2—$T=900K$；3—$T=950K$；4—$T=1000K$；5—$T=1050K$。

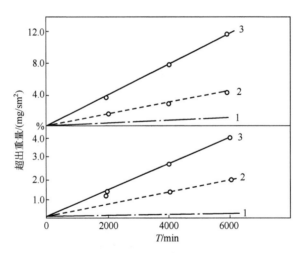

图 6.2 碳化锆在特定氢氛围中的氧化（$ZrC_{0.99}$，$C_{total}=11.7\%$，$C_{free}=0.2$；$O+N=0.15\%$，$P=3\%$，$L=10\mu m$）；

质量变化（上），含氧百分数（下）

1—$T=2100K$，O_2浓度为0.001%（体积分数）；2—$T=2500K$，O_2浓度为0.1%（体积分数）；3—$T=2100K$，O_2浓度0.1%（体积分数）。

在1000~1300K温度范围内确定氧化动力学规律很复杂，因为氧化膜会脱落，且表面氧化程度未知。这里的氧化动力学数据针对的是具有化学计量成分的材料。当碳与金属比值降低到0.8~0.9时，会降低反应速率常数。高温（2100~2500K）下氢（H_2+（0.07~0.1）%O_2）中的氧化，会导致ZrC的强度在相互作用前1000s内下降约½，如图6.3所示。在更高的温度（>2600K）下，在给定的混合气体中，ZrC试样在500s后会发生破裂。破裂原因是金属锆的形成，如表6.1的反应5所示。试样在2700K暴露后的金相分析也表明，在氧化膜中存在金属锆的离析。

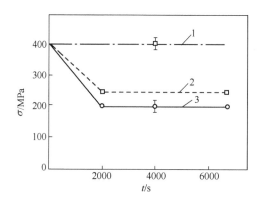

图6.3 碳化锆试样在特定氢氛围中的氧化后强度变化

1—T=2100K，O_2浓度为0.001%（体积分数）；2—T=2500K，O_2浓度为0.1%（体积分数）；3—T=2100K，O_2浓度为0.1%（体积分数）。

高温下碳化物与氢的相互作用伴随着结构的改变以及碳氢化合物的形成，反应方程式可写为 $MeC + y/2 H_2 \Longleftrightarrow MeC_{1-x} + C_x H_y$。

在氢气中暴露一段时间后，ZrC的晶格参数将发生变化，如图6.4所示，这允许以消除碳为代价来评估试验横截面上C/Zr比值的变化，同时参考化学分析数据对评估结果进行修正。

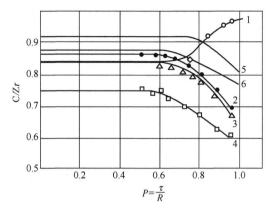

图 6.4　ZrC 试样在一定辐照时间后，$T=3100K$，$P=2MPa$
条件下强制氢对流作用后截面上的碳含量

1—初始状态；2—$\tau=2\times10^3 s$；3—$\tau=4\times10^3 s$；4—$\tau=6\times10^3 s$；
5—$\tau=2\times10^3 s$；6—$\tau=6\times10^3 s$。

UC-ZrC、UC-NbC 和 UC-ZrC-NbC 体系与氢相互作用的类型相似，只是脱碳程度、样品截面上的碳浓度梯度和再结晶温度不同。

在样品表面，碳与氢反应生成 CH_4 和 C_2H_2，并蒸发金属原子，而碳从中心扩散到表面并发生重结晶。计算该相互作用过程需要解决非平稳扩散问题，非均相化学反应的情况下与工作物质的质量交换形成模拟的边界条件（图 6.5）。

ZrC 和 NbC 材料的总消耗速率在暴露时间的第一时刻最大，其随温度的变化关系由式（6.1）和式（6.2）表示：

$$V_{ZrC} = 1.922\exp(-0.612\times10^{-3}t)\exp\left(-\frac{87000-3.89\times10^{-3}t}{RT}\right) \quad (6-1)$$

$$V_{NbC} = 0.058\exp(-0.15\times10^{-3}t)\exp\left(-\frac{54000-3\times10^{-3}t}{RT}\right) \quad (6-2)$$

$T=3150K$ 时，在 CH_4 含量为 0.656% 体积分数的氢气-甲烷介质中，ZrC-UC 和 ZrC-NbC-UC 固溶体的总夹杂率大致相同（$0.94\times10^{-6} g\cdot cm^{-2} s^{-1}$）。实验中的高温不仅导致材料化学成分的变化，而且导致碳化物密度变化和晶粒尺寸的增加。在温度高达 2500K 且持续 1000s 的条件下,试样截面上出现碳浓度梯度,从而形成高达 500MPa 的压缩应力,且晶格参数的变化使强度增加。

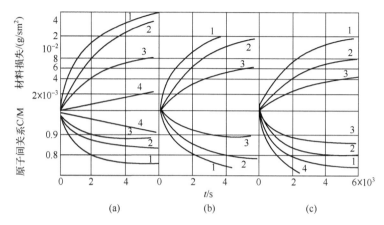

图 6.5 碳化锆、($Zr_{0.5}Nb_{0.5}$)C 固溶体和
碳化铌在氢气中的相互作用

(a) 碳化锆:1—T=3400K;2—T=3100K;3—T=3000K;4—T=2600K。
(b) 固溶体:1—T=3100K;2—T=3000K;3—T=2350K。
(c) 碳化铌:1—T=2980K;2—T=2550K;3—T=2580K;4—T=3140K。

碳化物与氢在 3100K 下相互作用 1000s 不仅会产生不均匀的碳浓度,还会引起结构变化、密度降低以及强度降低至 50%,具体如图 6.6 所示。应该注意的是,由于形成了残余压应力,在 2600K 附近温度下强度会有所提高。模型测试结果与 IVG-1 反应堆中的燃料组件试验结果吻合较好。

NbC 在氢气中的脱碳更加严重。2450K 的温度下,NbC 在 6000s 后转化为 Nb_2C。尽管整个横截面上都观察到了 Nb_2C 晶粒,横截面上碳浓度梯度却很小。从 2500K 开始,试样表面可观察到活跃的晶粒生长。升温至 3000K,脱碳加剧,试样损伤,如图 6.7 所示。

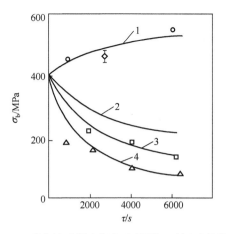

图 6.6 碳化锆试样在氢气中暴露 τ 时间后的强度
1—T=2550K；2—T=3040K；3—T=3090K；4—T=3100K。

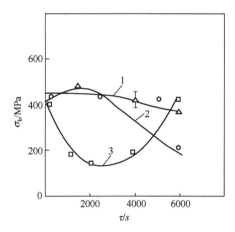

图 6.7 在氢气中暴露一段时间后，NbC 试样的强度变化
1—T=2550K；2—T=2720K；3—T=2950K。

  碳化铌的总体夹杂与碳损失有关，其金属成分略有蒸发。而 ZrC 则相反，能观察到明显的 Zr 蒸发，这也是相互作用后 ZrC 会出现碳浓度增高的原因。高温下固溶体 ZrC-NbC 与氢相互作用，随着脱碳的进行，表面富集了更多的难熔成分——铌。

除了在元件周围高速率流动工作介质的化学作用,流体在表面上还可能存在着力腐蚀作用,使一些附着较弱的碳化物颗粒被气流带走。

根据碳化物中碳组分夹杂率的关系,另一种保护方法是保持碳氢化合物加到氢气中的量等于其表面的平衡浓度,从而抵消碳的夹杂。但是,平衡不能在整个燃料组件长度上实现,只能在局部实现。在其他地方,被冲刷表面会发生碳夹杂或碳沉积。因此,涂层可以作为主要防护方法的补充。

由于涂层 α_1 和基材 α_2 的线性膨胀系数存在差异,因此即使在均匀加热至温度 T 的情况下,厚度为 h_1 的涂层中也会产生热应力 σ_1。考虑到涂层和基材边界等变形,涂层中的应力可以表示为

$$\sigma_1 = \frac{E_1 E_2 (\alpha_1 - \alpha_2) T}{\frac{h_1}{h_2} E_1 (1-\mu_2) + E_2 (1-\mu_1)} \tag{6-3}$$

式中:下标 1 为涂料;下标 2 为基材;E 为模量弹性;μ 为泊松系数。涂层的电阻可以通过极限拉伸应力水平来确定。

涂层的热应力破坏可能源于涂层开裂,或部分剥落导致脆性整体破坏。断裂方向由黏着程度和热载荷参数决定,如图 6.8 所示。

隔热包层中由低密度热解石墨(LDP)($1.35 \sim 1.6 \text{g/cm}^3$)制成的涂层,在 1570K 温度的氢气流中,质量在 6000s 内减少 3%~8%,强度下降 30%。退火后,由 ZrC 与热解石墨组成的复合材料套管强度显著降低。部分外壳轻触一下就会损坏,如表 6.2 第 2、5、6 号所示。

具有明显各向异性(密度 $1.2 \sim 2.25 \text{g/cm}^3$)的热解石墨套管在 2300K 的氢气中,4000s 内质量损失达到 45%。由于低孔隙率,未包覆的热解石墨与氢气的相互作用,如在 2100K 时比常规压制石墨的低一半。

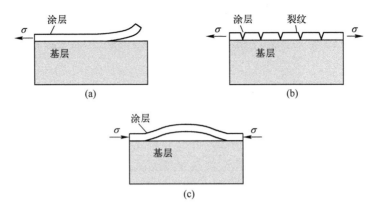

图 6.8 残余应力影响下的薄涂层断裂视图

（a）在低涂层附着力下拉伸应力引起的剥落；

（b）在涂层与基材的良好黏合下，由于拉伸应力而产生的裂缝；

（c）压缩应力形成时的涂层曲屈及其随后的断裂[14]。

表 6.2 含热解石墨的 ZrC 辐照实验后游离碳的密度和损失

编组	$\gamma/$ (g/cm^2)	实验条件		游离碳/%		参数变化	
		T/K	τ/s	初始值	实验后	C/C_{init}	$\Delta\gamma/\gamma$
1	3.5	2270	10000	25.5	18.3	0.28	0.57
2	3.1	2270	10000	19.7	8.9	0.54	0.9
3	3.0	2470	6000	34.5	20.9	0.39	1.3
4	3.3	2470	4000	19.7	4.2	0.78	0.9
5	3.5	2470	6000	27.0	8.9	0.67	0.57
6	2.8	2470	4000	22.0	2.7	0.87	0.1

第 7 章
燃料组件的承载能力

7.1 热载体的断裂准则

核火箭发动机运行过程中不可避免的温差应力是造成燃料组件陶瓷元件损坏的主要因素之一[35]。某些情况下,温差应力决定了研发设备的结构特征和输出参数,以及是否要改用其他材料。因此,为了估算强度,有必要确定这些应力的大小及其对单个组件和整个结构的危险程度。

通常,计算的强度是指产品安全的强度或极限加载次数下容许的法向应力或切向应力。对于新装置或设备,有必要确定其承载元件材料的坍塌性能、强度及其极限值标准。金属燃料组件壳体的强度便是通过计算火箭制造中已知的圆柱壳强度和径纵向稳定性估计的。使用开发的不均匀热应力场中运行材料的强度标准,可以估算出复杂横截面形状陶瓷燃料元件的承载能力。

该研究所在 1973 年启动的研究的结果表明,以不同组合热作用方法以及改变物体形状和大小将影响热强度和坍塌类型[25]。基于断裂力学概念，研究中引入了一个新的判据因子 N[14]，该因子考虑了应力分布，以及改变应力状态后物体全部或部分断裂的条件，对不同热载荷下的参数 N 进行了数值计算。

弹脆性材料物体侧面加热后，当达到临界应力强度 K_{1c}，且 $N \geqslant N_{cr}$ 时，受拉区域中心出现的裂纹会使物体完全破碎。当加热体侧面被冷却〔在类似于根据图 7.1（b）所示的燃料元件运行条件下〕，并且不均匀性参数 $N<N_{cr}$ 时，应力强度超过临界值 K_{1c}，裂纹从拉伸区域开始非均匀扩展。当应力（大量重新分布之后）比裂纹的起始应力高 8~10 倍时，可能会出现整体破碎的情况[14]。在这种情况下，裂纹向物体内平均渗透 $0.55R$，与计算结果一致。

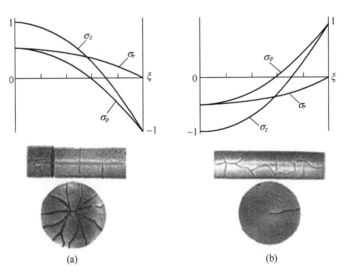

图 7.1　ZrC 试样破坏变化情况

（曲线表示圆柱样品的三个应力分量，薄盘中没有轴向分量 σ_z）

(a) 物体表面加热时完全破碎；(b) 冷却时出现表面裂纹造成部分破坏，
　　由于物体[14]的应力状态发生变化。

采用非定温水冷法对加热的不同成分的燃料元件进行测试，结果表明，在热流 $q_s = 2.5\text{MW/m}^2$ 时，当应力超过拉应力 σ 仅 15%~20% 时，试样表面就会出现裂纹，造成局部损坏[25]。根据强度衰减估计，燃料元件承载能力在表面裂纹出现后几乎降低了 3 倍，并且在反复循环载荷后几乎保持不变。

我们注意到，当 q_s 增加时，单位面积表面裂纹的数量增加，而在物体内部的渗透深度以及弯曲强度都没有改变，如图 7.2 所示。在高于水冷的表面温度（1500~1900K）下，流体流过燃料元件，此时 $q_s = 2.5$~3.0MW/m^2，用气流吹其表面的测试证实了 ZrC+UC 燃料元件的损坏，如图 7.3 所示。掺杂碳的碳化物基体几乎可将损伤阈值加倍（高达 $q_s = 5\text{MW/m}^2$）。由 ZrC+UC 和 ZrC+NbC+UC 构成的燃料元件的完全断裂发生在平均值 $q_s = 10$~12MW/m^2 处。

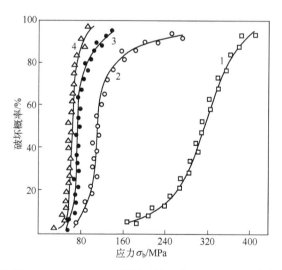

图 7.2　加热（$Zr_{0.97}U_{0.03}$）$C_{0.96}$ 燃料元件（高达 570K）在冷水中非稳态冷却后的破坏情况，分别为初始状态下，第一次加载后，经过 10 次和 50 次循环加载后弯曲强度的下降估计量

1—初始状态；2—第一次加载后；3—10 次循环加载后；4—50 次循环加载后。

燃料组件振动强度的估算是在无辐射室温下进行的。在50h内，在千赫兹频率范围内超过15次过载，并且在三个方向上对壳体的异常击打均未引起燃料组件状态的任何改变[4]。

反应堆IVG-1和IR-100[63-64]在核热推进为基础模式（PM）下、反应堆RA在核电为基础模式（EM）下，分别以核电推进和核热推进模式运行，在两种不同的功率水平下，燃料元件（FE）和燃料组件的工作能力如图7.3所示。

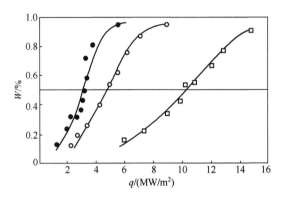

图7.3 在温度1500K下，热通量q变化导致燃料元件ZrC+UC（●）和ZrC+UC+C（○）表面裂纹破坏及完全碎裂破坏（□）的概率[5]

IVG-1反应堆中，对通过氢工艺管300(TC-300)和实验工艺管(ETC)冷却的两种改型燃料组件进行了运行试验。在IR-100反应堆的抑制和充氦的TC-100管道中进行了燃料元件试验。在RA反应堆的充氦安瓿瓶中进行了燃料元件试验。在推进模式下总共试验了152条不同种类的工艺管。对燃料组件各个加热段(HS)辐照后的燃料元件和安瓿瓶中的燃料元件进行了反应堆试验。反应堆试验后，总共研究了110条不同类型的工艺管。

在IVG-1研究堆中模拟核动力火箭发动机运行工况，对核动力火箭发动机(NRE)燃料元件进行了试验。这些燃料元件在燃料组件(FA)中，包含几个100mm长的加热段(HS)，它们插在核火箭发动机堆芯的气冷工艺通道内。

在 IVG-1 反应堆中，核火箭发动机燃料元件工作期间，安装了 30 个工艺通道，以及 8 单元或 6 单元的燃料组件。在 8 单元组件中，每个加热段中包含 379 个燃料元件；而在 6 单元组件中，每个加热段中包含 151 个燃料元件(8 单元和 6 单元组件中的燃料元件束的直径分别为 47.0mm 和 29.7mm)。在 8 单元组件中，前 5 个加热段是(Zr,U)C 燃料元件，后 3 个加热段是(Zr,Nb,U)C 燃料元件；在 6 单元组件中，前 4 个加热段是(Zr,U)C+C 燃料元件，后 2 个加热段是(Zr,Nb,U)C 燃料元件。

在核火箭发动机燃料元件地面测试期间，IVG-1 反应堆每次启动(持续时间 5~6min)都对应于一个空间核火箭发动机反应堆的激活。在 IVG-1 反应堆(第一个堆芯)的试验测试中，仅执行了三次启动，包括一次电能启动(PS)和两次运行启动(WS)。在第二个堆芯的寿命周期测试中，确定的启动次数为 12 次(1 个 PS 和 11 个 WS)。那时，寿命周期测试中的 WS 模式与空间核火箭发动机反应堆激活的运行条件非常吻合。尤其是燃料组件出口处的氢气温度达到 3100K。燃料组件入口和出口处的氢气压力分别约为 10MPa 和 5MPa，沿着燃料元件径向截面的最大温度下降量达到 250K。

7.2 核火箭发动机燃料元件的运行条件

核火箭发动机反应堆中燃料元件的运行条件(以及 IVG-1 反应堆中核火箭发动机燃料元件的测试条件)与反应堆中存在的热应力相关，因为所有燃料元件的内能都是由泵送的氢气流穿过燃料组件带走的。燃料元件表面最强烈的散热(在其横截面上产生径向温降 ΔT)发生在入口加热段上，这意味着 6 单元燃料组件的第一和第二加热段，或 8 单元燃料组件的第一、第二和第三加热段工作在材料脆性的温度范围内。

在反应堆稳态运行过程中,每个燃料元件的温降从零增加到最大值,并在启动期间保持在该值,图 7.4 表示了燃料元件横截面中抛物线形的温度分布。温降值由燃料元件表面的热通量 q_s、燃料元件材料的热导率 λ 和半径 r 确定。温降 ΔT 会在燃料元件表面产生危险带有拉伸分量的宏观热应力 σ_T(图 7.4 的 σ_T)。轴向和切向拉伸应力 σ_T 值可通过以下公式求得[6]:

$$\sigma_T = \alpha E \Delta T / [2(1-v)] = \alpha E q_s r / [4\lambda(1-v)] \qquad (7-1)$$

式中:α 为热膨胀系数;E 为杨氏模量;v 为泊松常数。

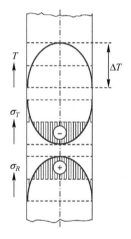

图 7.4 温度 T 的径向分布、轴向热应力 σ_T 和轴向残余辐射应力 σ_R,导致核火箭发动机燃料元件在流动的工艺管道中处于不同的运行阶段

热应力 σ_T 仅对在高达 1600K 的温度下运行的燃料组件构成真正的威胁。因为在此条件下,脆性难熔碳化物不具有长时间抗弹性宏观应力的弛豫能力。如果应力 σ_T 超过燃料组件材料的抗拉强度,其表面将产生裂纹。裂纹本身不会影响燃料组件的产能,但会加剧弯曲、层裂和振动载荷带来的燃料棒失效(如燃料元件在辐射增加的影响下,在加热段纵梁发生扭曲和层裂变形的事故情况下,燃料元件中将

产生弯曲载荷)。

虽然燃料元件中热应力存在负面影响,但也有正面效应,表面残余的宏观压缩辐射应力 σ_R 会使燃料元件变硬(图 7.4 中的轴向 σ_R)。辐照的燃料元件中径向温降 ΔT 导致残余应力 σ_R 的出现,进一步使燃料元件材料产生了不均匀的辐射膨胀。由于辐射缺陷的退火速率不同,燃料元件的外围(较冷)区域将比中心(较热)区域增加的强度更大。这使燃料元件出现表面残余压缩应力以及内部拉应力,内部区域防止了表面区域的过度膨胀,进一步导致燃料元件中弹性压缩的发生。

7.3 核火箭发动机燃料组件的试验

核火箭发动机燃料组件在 IVG-1 研究堆气冷流动通道中的试验和寿命周期测试表明,辐照燃料组件状态在很大程度上取决于反应堆试验的具体模式[55-56,65]。在具有 8 单元燃料组件的通道中进行上述模式的试运行后,(Zr, U) C 和 (Zr, Nb, U) C 燃料组件与核火箭发动机反应堆的标准模式相比明显减少。研究还发现:燃料棒的表面裂纹和破裂很少发生,加热段中燃料组件的纵梁扭曲很小,燃料组件冷却管的气体动力阻力系数增量也少。同时,也对燃料元件辐照后显著增加的强度 σ_S 和热强度,以及表面上存在的压缩残余应力 σ_R 的情况进行了记录。

在三个入口(低温)部分(HS-1,HS-2 和 HS-3)中,燃料组件的硬化 $\Delta\sigma_S/\sigma_S$ 几乎达到 100%,而在四个出口(高温)部分中的硬化较小,如图 7.5 所示。

燃料组件热强度增加的特征与它们硬化的特征相同。通过测量燃料元件热强度随热载荷的变化(破坏温降 ΔT_F 或通过将预热的燃料棒快速浸入水中确定热强度的第一临界值)表明,前三个进气口加热段中的（Zr，U）C燃料组件的热强度增加了2倍以上，而高温加热段中（Zr，U）C和（Zr，Nb，U）C燃料组件特性几乎没有变化。由于脆性材料的热强度与其强度存在线性关系，燃料组件的强度和热强度随燃料组件长度的变化保持一致。

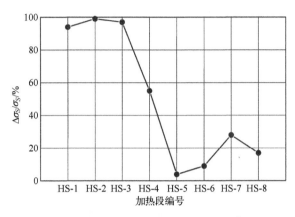

图7.5 IVG-1反应堆第一个核芯试运行三次启动（PS+2WS），燃料元件强度随燃料组件长度的变化 $\Delta\sigma_S/\sigma_S$

通过X射线方法测量了两个管道中燃料元件的轴向残余应力 σ_R 大小和方向，这些燃料元件经受了不同铀ND燃耗（ND燃耗，即单位体积铀裂变的数量）条件下的辐照，具体图7.6所示。测量中，我们使用了研发的非破坏性测量方法[34]，利用特殊的X射线相机记录应力变化情况，测量了无表面裂纹的两组燃料元件。比较图7.5和图7.6中数据可以看出，燃料元件的硬化与残余压缩应力沿燃料组件长度的变化具有高度的一致性，即最大硬化 $\Delta\sigma_S/\sigma_S$ 和最大应力 σ_R 出现在两个通道的前三个加热段的燃料组件中。

此外，以六个通道的HS-1段的燃料元件为对象，使用X射线方法研究了铀燃耗对应力 σ_R 的影响。结果表明，ND增加一个量级（从约 $2.1\times10^{16}\text{div/cm}^3$ 到约 $2.1\times10^{17}\text{div/cm}^3$），将导致应力水平 σ_R 增加2倍以上。这引起了对IVG-1反应堆第二个堆芯进行更长寿命状态测试时燃料棒完整性的担忧。实际上,进一步显著地增加 ND 燃耗,燃料元件表面压应力增加产生的积极影响会被拉伸轴应力 σ_R 显著增加产生的消极作用所抵消;启动后燃料元件内部轴向拉伸应力 σ_R 的显著增加可能会导致其在冷却时(在暂时性应力 σ_T 消失时)损坏,成为碎片。

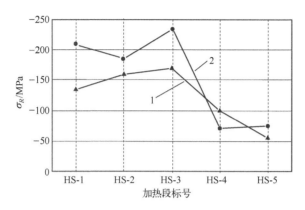

图 7.6 8 单元 FA 的前五个加热段中(Zr,U)C 的燃料元件表面上的残余应力 σ_R

(1)一次启动试验(WS)直至 ND 燃耗 $0.9 \times 10^{17} \mathrm{div/cm^3}$;

(2)3 次启动试验(PS+2WS)直至 ND 燃耗为 $2.3 \times 10^{17} \mathrm{div/cm^3}$。

只有在 IVG-1 反应堆第二个堆芯完成寿命周期测试后,利用 X 射线测量 ND 宽燃耗范围内(从约 $2 \times 10^{16} \mathrm{div/cm^3}$ 至约 $2 \times 10^{18} \mathrm{div/cm^3}$)燃料元件中应力 σ_R 的机会,才有可能解决燃料元件中预期应力 σ_R 过度增长的问题。为此,除了在 IVG-1 反应堆第一个堆芯的六个通道中测试了(Zr,U)C 燃料组件外,还在 IVG-1 反应堆第二个堆芯的 11 个通道低温加热段中,利用 X 射线衍射参数测量了(Zr,U)C+C 燃料组件的表面轴向残余应力 σ_R 的大小和方向。需要指出的是,测量时选择了整体上无表面裂纹的燃料组件。

σ_R 的测量结果(图 7.7,其中第一个堆芯燃料组件的数据用圆点标出）表明，随辐照剂量的持续增长，直到铀燃耗达约 $2\times10^{18}\mathrm{div/cm^3}$ 时，燃料元件表面上的压缩应力 σ_R（以及内部拉伸应力 σ_R）没有随之持续增长，从而导致应力过大。从图 7.7 中可以看出，在燃耗约为 $3\times10^{17}\mathrm{div/cm^3}$（虚线表示）后，应力 σ_R（燃料组件材料非均匀肿胀增加）不再增加（最大值小于 200MPa），从而消除了运行期间内部残余拉伸应力导致燃料元件失效的风险。

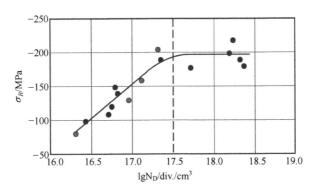

图 7.7 （Zr，U）C+C 和（Zr，U）C 燃料组件表面上的残余应力 σ_R 随 ND 燃耗（约 $2\times10^{16}\sim$ 约 $2\times10^{18}\mathrm{div/cm^3}$）的变化

IVG-1 反应堆的第二个堆芯与第一个堆芯情况相反，测试过程中发现接近核火箭发动机堆额定运行模式下，燃料组件初始状态有明显退化，HS-1 和 HS-2 在低温工况下尤为明显。特别是这些部段的燃料组件出现了大量裂纹和损坏，加热段的纵梁扭曲和燃料组件故障数量随反应堆启动次数的增加而增加。例如，经过 6 次启动后，燃料组件梁的扭角达到约 20°，燃料元件损坏的数量比例约 80%，如图 7.8 所示。

HS-1 和 HS-2 的燃料元件损坏较小（长度为 3~15mm），且燃料棒碎片略有混合，这显著增加了燃料组件冷却通道入口处的气动力阻力系数。其余 4 个高温加热段的燃料组件保持完整，或仅被破坏成较大的（约 30mm 长）碎片，相互之间无位移，由于材料表面会因侵蚀和水化作用而降解，其强度随着温度的升高和暴露时间的延长而下降。

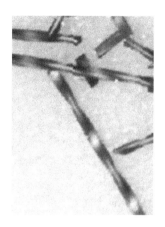

图7.8　第二加热段（HS）燃料组件断裂示意图
（快中子积分通量为$10^{19}/cm^2$量级）

显然，进口处加热段出现负面效应的主要原因是在脆性温度下碳化石墨燃料元件的热强度不足。事实上，这是由燃料元件的热强度水平所决定的，在热负荷q_s超过约$5MW/m^2$时，它们中也会出现裂纹（请参见图7.9的上方危险区域）。这就是在IVG-1反应堆第二个堆芯试验中，6单元燃料组件中前两段燃料组件被裂纹损坏和破坏，而在第一个堆芯的试验中，8单元组件的前三段燃料组件保持完整的原因。

在热弹性应力的作用下，燃料元件产生的裂纹导致第一和第二加热段最终断裂，这些裂纹排列紧凑，大小为几十微米量级，出现在一系列外围燃料元件上。产生的燃料元件碎片在任何方向上都具有移动自由度时，就会脱落并增加加热段的流体阻力。阻力大小取决于碎片的具体位置，还取决于燃料元件屈服碎片受力的大小和方向，如图7.10所示。

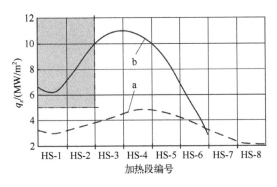

图7.9 IVG-1反应堆燃料组件试验和寿命周期测试时,沿着8单元(a)和6单元(b)燃料组件长度方向的燃料元件表面热通量q_S分布

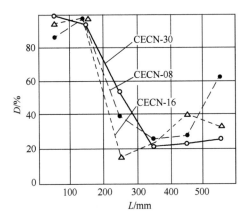

图7.10 燃料组件中央实验通道(CEC)加热段燃料元件损伤程度$D(\%)$

最后一个加热段中的燃料元件有时会在高温下于轴向通道方向发生塑性变形,如图7.11所示。通道中气流的变化导致排出热量减少,这进一步使燃料元件温度升高,在压缩载荷作用下促进了塑性变形的出现。

最后一个高温的加热段中,在向下推动的轴向力和功率载荷的作用下,产生轴向压缩载荷,气体通过加热段时,燃料元件也会绕轴扭曲而失去稳定性,如图7.12所示。

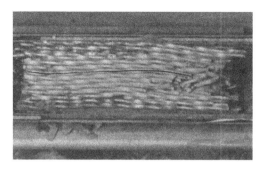

图 7.11　第六加热段燃料元件的塑性应变

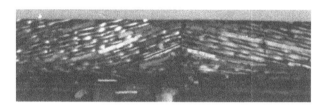

图 7.12　燃料组件中央第四和第五加热段的扭曲

因此，为了消除 6 单元组件前两段中燃料元件的失效，在防止碎片产生而进行的研磨和混合过程中（图 7.9）必须将（U，Zr）C+C 燃料组件初始热强度增加到原来的 2 倍。由于可以通过增加强度来提高脆性碳化物材料的热强度水平，因此文献［56］分析了通过热、辐射和组合方法对燃料元件进行预强化的可能。在可能的辐射方法中，提出通过残余辐射应力 σ_R 强化燃料元件，即预先以降低功率的方式将 6 单元燃料组件的燃料元件辐照至 ND 燃耗约 $3\times10^{17}\ \text{div/cm}^3$（燃料组件长度方向上平均热负荷 q_S 约 4MW/m^2）。这种辐照以轨道上核火箭发动机空间设施首次启动的形式进行，在首次启动期间实现的低温加热段碳化物-石墨燃料元件的双重强化，确保在随后的反应堆激活中没有裂纹和断裂现象出现。

在只有几（n）个工作启动（nWS）和先动力启动后 n 个工作启动（PS+nWS）这样的反应堆测试后进行燃料元件强度变化[56,65]比较,可作为新方法的实验支撑。

在 IVG-1 反应堆第四个堆芯中测试的燃料元件(图 7.13)中记录到了 PS 启动的积极作用:在 PS+2WS 和 2WS 测试后,HS-1 和 HS-2 燃料元件分别硬化约 35%、20%。

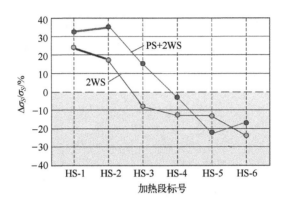

图 7.13 在 IVG-1 反应堆第四堆芯中测试两个通道中燃料元件强度 $\Delta\sigma_S/\sigma_S$ 在燃料组件长度方向的变化

7.4 隔热包层的承载能力

一般而言,隔热包层的反应堆试验证实了电子电弧装置(EAI)实验室测试的结果。从低密度石墨(LDG)中检测到了工质与隔热包层表面相互作用的痕迹;氢气相互作用的强度沿着气体运输线路随温度升高而增加;有时可以通过隔热包层中的孔观察到第四加热部分(HS);这些隔热包层材料中,25%~50%材料被烧蚀,损伤最大的是高密度石墨(HDG)隔热包层的外缘。

通常,由 ZrC 和石墨制成的燃料组件高温区隔热壳体,虽然外壳有一些裂缝,但总体上保持了壳体的几何形状,拆解时裂缝散布在单独的碎片上。硬质合金套管也出现分开的裂缝和裂缝网格。隔热包层上方靠近支撑排气结头的部位也发生了变化，如图7.14所示。

图 7.14　IVG-1 反应堆燃料组件核反应试验后出现的带有材料烧蚀痕迹的隔热材料破碎照片
(a) 裂纹；(b) 通孔和层状分离。

因此，隔热包层的主要缺陷是裂纹和材料烧蚀区域，后者关联着化学相互作用和侵蚀性材料的销蚀。从功能的角度来看，最危险的是在热工质与裸露的金属外壳接触下的隔热包层烧蚀，隔热包层的结构缺陷会随着运行时间的增加而增加。关于隔热包层替代技术的选择存在很大分歧，在核火箭发动机的后续开发中，需要选择更理想的材料组成和结构设计。

7.5　燃料元件承载格栅的承载能力

反应堆运行过程中承载格栅的损坏和承载能力的丧失可能导致反应堆发生紧急事故。IVG-1 反应堆多次启动后，由于内衬与相邻的燃料棒分离，拆除通道时发现了承载格栅（BG）的损坏。需要提醒的是，承载格栅是以扭曲的烧结块制成的，即等摩尔组分的 ZrC，NbC 碳化物制成的四棱形棒侧面焊接在一起，ZrC 紧密相邻。

尽管格栅（SG）的承载能力得到了保留，其断裂的事实仍表明了反应堆运行可靠性不可控制导致的损失。这就需要对承载格栅运行过程中的应力场进行分析，需要对可能的断裂机制有更深层次的理解，以便为性能改善提出建议[66]。

应力分析结果表明，承载格栅可能在不稳定的启动阶段（达到稳态运行模式之前）或一定条件下的冷却阶段发生断裂。当接近稳定状态时，可能会达到最高的热应力：承载格栅周边的切向拉应力可达 400MPa 以上，承载格栅中心附近的压应力可达 -70MPa。在这种应力作用下，扇形衬里可能会从焊锡块上裂开并分层。

建议用半圆柱形填料薄壁分体式套管代替大块管片，以避免产生危险的高残余应力。拆分角主要取决于在组装和后续处理期间将杆保留在包壳中的这一先决条件。角度值与生成线有关，可能在一个很大的范围内（5°~90°）波动。与内衬设计相比，这种套管用于于格栅组件壳体不会出现问题，而且工作强度也较小。与内衬设计相比，分体式套管承载格栅的热稳定性提高了 3 倍。

7.6　可能增加陶瓷承载力的方法

对于有限塑性的陶瓷，要在较宽的温度范围内提高其承载能力，必须考虑运行参数。对于在脆性损伤温度范围内运行的燃料组件的第一节，首先需要采用各种能够提高强度的硬化方法来减少陶瓷的缺陷。通过优化的硬化方法修改应力表面状态可使单元的强度提高 100%，见表 7.1。

表 7.1　棒状燃料元件可采用的硬化方法

项　目	方　法	$\Delta\sigma/\sigma/\%$
1	从 TBP 到 2700K 的温度范围内的热循环	20
2	通过始于 2700K 热辐射，冷却淬火	约 30
3	通过从 2700K 强制冷却淬火硬化	约 60
4	2500K 时初始裂纹的热愈合	约 40

续表

项目	方法	$\Delta\sigma/\sigma/\%$
5	反应堆辐射产生的表面压应力	约80
6	组合方法 2.4.5	100

对不同环境（氢气、氩气、真空）下的 ZrC 样品进行传统等温烧结的参数优化，可以在烧结温度为 2500~2700K 时获得较高的密度（不小于95%）和约 550MPa 的弯曲强度[14,27]。

第8章
核火箭发动机反应堆的展望

基于测试技术的不同核动力装置（NEPI）的核火箭发动机反应堆是无人驾驶太空探测器和载人星际装置[67]开展深空探测的不二选择。核火箭发动机的发展只是暂时停止，因为目前人类无法持续支付大量资金用于大规模的宇宙研究。核火箭发动机计划很可能在将来成为一个国际合作计划，就像国际热核实验反应堆（ITER）、大功率加速器等的研究计划一样。

从合法性的角度看，该计划将具有全球性特征。从生态和其他方面看，由于该方案涉及使用最高军备质量的裂变材料，因此应受国际管制。为提供所需的效率，用于不同目的的核火箭发动机反应堆将使用不同的燃料元件几何形状以及燃料组分。为了完成宇宙飞行中的任务，核火箭发动机反应堆应该具有很高的可靠性，失效概率应小于 0.01。

从 20 世纪 80 年代初期开始，人们就广泛开发了多种版本的装置，它们可以在许多状态下运行，并且产生电能，并利用反作用推力一起确保航天器活动[5]。

它们不仅应在基本的发动机状态下工作，而且还应在两种能量状态下工作：低功率下运行几年，高功率下运行发动机额定状态时长的一半。高功率方案在测试中没有困难，因为其所有参数及反应堆的载荷比 IVG-1 基本方案要弱得多。在低功率状态下，热载体仅在壳体外面绕燃料组件流动，燃料元件的热量通过隔热材料热辐射传递到外壳。该状态与基本状态有很大的不同，当燃料大量消耗时（降低至不少于初始量的 3%~5%），由于材料的蒸发不均匀性，化学成分也会发生变化。因此，在这些条件下燃料组件和燃料元件组件的效率需要进一步研究。

显然，为空间核能源装置研发和建造反应堆核芯的前景表明，首要问题是要提高加热段的结构和技术，推力模式下该加热段内部燃料热释放密度达 40MW/L，温度极高（高于 3200K）；其次还要确保在 2000K 的高真空下或在含氢工质 0.1~0.2atm 压力条件下，裂变产物在燃料元件中能保存数年。

现有的核火箭发动机反应堆的可用设计和技术基础表明了生产燃料组件的基本可能性，这些燃料组件既适用于反推力模式，也适用于绕轨道运行的航天器设备[68]的长时间布莱顿循环工作的模式。在过去的几年里，提出了一系列的双模热电转换概念[69]，包括锂冷却回路或热辐射式快中子反应堆（NEPI-2 和 NEPI-3），如表 8.1 所示。

表 8.1 核发动机动力装置（NEPI）的应用参数

参　数	NEPI 类型		
	NEPI-1	NEPI-2	NEPI-3
推力状态热功率/kW	950	5100	5100
能量状态热功率/kW	220	135	50
氢气温度/K	~2100	2800	2800
推力/(m/s)	7550	8825	8825
推力方式应用时间/h	250	100	100
能量状态应用时间/年	7~10	10	10

考虑将来纳米材料工程生产的可能,NEPI 结构元件工作能力将会提高[49,70]。以难熔金属的纤维状、多孔状、多层碳化物和氮化物为基础的,新型隔热的、抗氢环境的材料将被制造出来。

俄罗斯总统在 2009 年俄罗斯经济现代化与技术发展委员会上提议重新考虑研制搭载核火箭发动机的航天器。2010 年,俄罗斯政府为制定兆瓦级核能装置项目大纲提供了初步的资金支持,并在 2018 年开始组件级建设。

参 考 文 献

1. Demjanko, J. G., Konuhov, G. B., Koroteev, A. S., Kuzmin E. P., & Pavelev, A. A. (2001). *Nuclear rocket engines* (p. 413). Moscow: Open Company "Norm-inform".
2. RIPRA "Luch". (2004). Affairs and people. Podolsk. RIPRA "LUCH". Ed. Fedik I. I. Podolsk, 455 p.
3. Ponomarev-Stepnoy, N. N. (1993). Creation history of NRER in the USSR (pp. 3-18). *Third Branch Conferences "Nuclear Power in Space"*.
4. Nuclear Technology Engineering Industry (2003), Moscow. vol. IV-25, under Adamovs's edition. Engineering industry., book 1. 953 p. book 2. 943 p.
5. Daragan, I. D., D'jakov, E. K., Fedik, I. I. et al. (2003). Fuel element assemblages of the space nuclear power propulsion systems (vol. IV-25). Moscow: Nuclear Technology Engineering Industry. under Adamov's edition. Engineering industry, book 2.
6. Vlasov, N. M., & Fedik, I. I. (2001). *Fuel elements of nuclear rocket engines* (p. 207). Moscow: Tsniatominform.
7. Korolev, L. A., Lanin, A. G., Morozov A. V. et al. (1978). Research of overall performance of heat-shielding materials and packages of the NRER (vol. 116000, p. 105). Podolsk: Scientific research institute "LUCH".

8. Zelenskij, D. I., Pivovarov, O. C., Tuhvatulin, S. T. et al. (1999). Experience generalization of reactor working off of the rod carbide fuels on a complex stand "Baikal-1" and the development of applied production engineering (pp. 49-60). *The Fifth International Conference "Nuclear Power Space", Podolsk.*
9. Golba, A. V., Misevich, J. M., Rachuk, V. S. et al. (2005). Strength problem of design elements of nuclear rocket engines (pp. 405-411). *The International Conference "Nuclear Power in Space", Podolsk.*
10. Zaharkin, V. I., Ionkin, V. A., Konovalov, et al. (1993). Working out of NRER on the basis of the reactor of minimum sizes IRGIT. Power tests of a developmental type of a nuclear reactor. *Third Branch Conference "Nuclear Power in Space".*
11. Deniskin V. P., Nalivaev V. I., & Olejnikov P. P. (1999). Problem of metrological maintenance of stand NRER testing (pp. 131-141). *The Fifth International Conference "Nuclear Power in Space", Podolsk.*
12. Fedik, I. I., Deniskin, V. P., Nalivaev, V. I. et al. (2003). Problem of high-temperature measurements in fuel elements assemblages of NRER (pp. 8-11). The collection of works of Tsniiatominform.
13. Prijmak, S. V., Olejnikov, P. P., & Taubin, M. L. (1989). Features of metrological temperature measurement by thermoelectric temperature transducers in the conditions of intensive reactor irradiation (pp. 327-333). *The Third Branch Conference "Nuclear Power in Space". Atomic Energy* 67 (3). 221-222.
14. Lanin, A. G., & Fedik, I. I. (2008). *Thermal stress resistance of materials* (p. 239). Heidelberg: Springer.
15. Popov, V. П., Lanin, A. G., &Bochkov, N. A. (1984). *Test method of thermal stability of samples from brittle electric-conductive materials with use electron beam heating.* New York: Plenum Publishing Corporation (Strength of materials).
16. Jackson, H. F., & Le, W. E. (2012). Properties and characteristics of ZrC (pp. 339-372). Amsterdam: Elsiver.
17. Andrievsky, R. A., Spivak, I. I. (1989). Strength of refractory compounds: Directory (p. 367). Chelyabinsk: Metallurgy.

18. Andrievsky, R. A., Lanin, A. G., & Rymashevsky, G. A. (1974). Strength of refractory compounds-M: Metallurgy, p. 232.
19. Andrievsky, R. A., & Umanskiy, Y. S. (1977). Interstitial phases M. Science, p. 238.
20. Lanin, A. G., Zubarev, P. V., & Vlasov, K. P. (1993). Research of mechanical and heat-physical properties of fuel and constructive materials of NRER. *Atomic Energy*, *74* (1), 42-47.
21. Lanin, A. G., & Babajants, G. I. (2003). Structural materials of an active zone of NRER. In *Engineering nuclear industry* (vol. IV-25). under E. O. Adam's edition. Moscow: Engineering Industry. book 1.
22. Kosycheva, L. I., Lanin, A. G., Manjuhin, V. P. et al. (1978). Research of physical-mechanical properties of fuel compositions ZrC-UC. ZrC-NbC-UC. ZrC-UC-C (vol. 111803, pp. 47-67). Podolsk: Scientific Research Institute NPO "LUCH".
23. Andrievsky R. A. (1991). *Powder materials technology* (p. 207). Moscow: M. Metallurgija.
24. Andrievsky, R. A., Hromonozhkin, V. V., et al. (1969). Evaporation of uranium carbide. Uranium nitride and uranium carbide-nitride. *Atomic Energy*, *26*, 494-497.
25. Lanin, A. G. (1998). *Strength and thermal stress resistance of structural ceramic* (111 p.). Moscow: M. Moscow State Engineer Physical institute.
26. Nezhevenko, L. B., Groshev V. I., & Bokov, I. V. (1970). Influence of ZrC powders on properties of sintering samples. In "Refractory Carbides" (pp. 58-61). K. Naukova Dumka.
27. Bulychyov, V. P., Andrievsky, R. A., & Nezhevenko, L. B. (1977). Sintering of zirconium carbide. *Powder Metallurgy*, *1* (4), 38-42.
28. Gerasimov, P. V., Egorov, V. S., Lanin, A. G., Nezhevenko, L. B., & Sokolov, V. A. (1982). Strength of compositions on the basis of zirconium carbide with disperse carbon inclusions. *Powder Metallurgy*, *11*, 67-74.
29. Lanin, A. G., Popov, V. I., Maskaev, A., et al. (1981). Strength of carbide-

graphite compositions at power and thermal loading. *Problems of Strength*, *112*, 89-95.

30. Lanin, A. G., Marchev, E. V., & Pritchin, S. A. (1991). Non-isothermal sintering parameters and their influence on the structure and properties of zirconium carbide. *Ceramics International*, *17*, 301-307.

31. Lanin, A. G. (2007). Physical processes microindentation of carbide monocrystals of transition metals. *Functional Materials*, *1* (110), 383-389.

32. Lanin, A. G. (2004). Strength and thermo-mechanical reinforcement of the refractory ceramic materials. *Izvestia of the Russian Academy of Sciences. Series Physical*, *68* (110), 1503-1509.

33. Zubarev, P. V. (1985). *Heat resistance of interstitial phases* (101 p.). Moscow: M. Metallurgija.

34. Derjavko, I. I., Egorov, V. S., Lanin, A. G., et al. (2001). Radiographic research of the residual Stresses in the rod carbide fuel elements. *The Bulletin of the National Nuclear Centre of Republic Kazakhstan*, *14*, 95.

35. Fedik, I. I. Kolesov, V. S., & Mihajlov, V. N. (1985). Temperature fields and thermal stresses in nuclear-reactors (280 p.). Moscow: M. Energoatomizdat.

36. Lanin, A. G., Erin, O. N., & Turchin V. N. (1990). Zirconium carbide strength and plasticity. *Refractory Metals and Hard Metals*, *92* (3), 120-124; 139-141.

37. Zubarev, P. V., Kuraev, A. B., Lanin, A. G., et al. (1992). Influence of a grain size on creep of zirconium carbide. *FMM*, *16*, 122-125.

38. Lanin, A. G. (1995). Thermal stress resistance of porous Si_3N_4. ZrC heterogeneous carbides and hydrides. *Proceedings of 6th International Symposium on Fracture Mechanics of Ceramic*, July 18-20, Karlsruhe, Germany.

39. Lanin, A. G., & Egorov, V. S. (1999). Elastic-plastic fracture of the bodies under combined influence of the thermal and mechanical loads. *FCHOM*, *2*, 78-81.

40. Katz, S. M. (1981). *High-temperature heat insulating materials* (p. 232). Moscow: M. Metallurgy.

41. Vjatkin, S. E., & Deev, A. N. (1967). *Nuclear graphite* (279 p.). Moscow:

Atomizdat.

42. Kats, S. M., Gorin, A. I., & Semenov, M. V. (1972). *Poroshkovaja Metallurgija*, 7, 87–92.
43. Babajants, G. I., Golomazov, V. M., Granov, V. I., & Shmakov, V. A. (1974). Copyright certificate N 424658 "Opening. inventions. commercial machines. Trade marks", vol. 15, p. 38.
44. Andrievsky, R. A. (1986). *Material science of hydrides* (p. 129). Moscow: M Metallurgy.
45. Lanin, A. G., Zalivin, I. M., & Turchin, V. N. (1984). Mechanical property of hydride alloys Zr. Y. Ti. *Problem of Strength*, 6, 83–86.
46. Zubarev, P. V., & Ryzhov, P. (1979). Creep of Zr and Y hydrides inorganic materials. 16 (2), 247–250.
47. Lanin, A. G. (2011). Influence of residual stresses on ceramic materials strength and fracture. *Deformation and Fracture*, 4.
48. Koch, C. C., Ovud'ko, I. A., Seal, S., &Veprek, S. (2007). *Structural nanocrystalline materials: Fundamental and application* (p. 364). Cambridge: Cambridge University Press.
49. Andrievsky, R. A. (2012). *The basis of nanostructural materialscience: Possibilities and problems* (p. 251). Moscow: Publishing house BINOM.
50. Derjavko, I. I., Perepelkin, I. G., Pivovarov, O. C., et al. (2001). Express techniques for research of the irradiated rod carbide fuels. *The Bulletin of the National Nuclear Centre of Republic Kazakhstan*, 4, 88–93.
51. Chernetsov, M. V., Sernjaev, G. A., & Scherbaks, E. N. (1999). Influence of irradiation on sizes and physical-mechanical properties of the carbide fuel. Nuclear Power in Space. Nuclear Rocket Engines. Podolsk. part 2. p. 259.
52. BπacoB, H. M., & Zaznoba, V. A., (1999). The incubatory swelling period of fuel materials SIA "LUCH", Podolsk, Russia. Nuclear Power in Space. Podolsk. 1999. Reports. part 2, pp. 489–491.
53. Radiation damage of refractory compounds. (1979). Under M. S. Ogorodnikova. J. I. Rogovogo's edition. Atomizdat. 160 p. (in Russian).

54. Was, G. S. (2007). *Fundamentals of radiation materials science. Metals and alloys* (p. 827). Heidelberg: Springer.
55. Derjavko, I. I., Zelenskij, D. I., Lanin, A. G. et al. (1999). Reactor working off of the rod carbide fuels of NRER (pp. 539-543). *5th International Conference "Nuclear Power in Space"*, Podolsk.
56. Deryavko, I. I., Chernyadev, V. V., Gorin, N. V., et al. (2010). Characteristics of identifying the fuel rods of NRE. Vestnik NNC RK. edn, 4 (44), 95-105.
57. Andrievsky, R. A., Vlasov, K. P., Lanin, A. G., et al. (1978). Influence of irradiation on physicalmechanical properties of zirconium and niobium. *Non-organic Materials, 1* (4), 680-683.
58. Vlasov, K. P., Kolesnikov, S. A., & Virgil'ev, J. M. (1993). Radiation durability of carbon materials (pp. 805-816). *3rd Branch Conference "Nuclear Power in Space. Nuclear Rocket Engines."*, Podolsk.
59. Pinchuk P. G., Bjakov H., Barabash AA. et al. Researches of radiation swelling in the system zirconium – hydrogen. Atomic energy. 1977. Vol. 42. 1 I, pp. 16-19.
60. Andrievsky, R. A., Ja, M. V, & Savin, V. I. (1978). Study of the defect nature of transition metals hydrides. *Inorganic Materials, 14* (9), 1664.
61. Lutikov, R. A., Savin, V. I., Fedorov, E. M. et al. (1993). *Interacting of some structural and fuel materials with hydrogen* (8 p.). The Report at Conference: Nuclear Power in Space.
62. Lanin, A. G., Leonov, S. V., Turchin, V. N. et al. (1987). *Influence of nitrogen and hydrogen gas medium on mechanical characteristics of zirconium and niobium carbides over temperatures range 300-2700 K* (77 p.). Scientific Research Institute "Luch".
63. Zaharkin, V. I., Ionkin, V. A., Konovalov, et al. Working out of NRER on the basis of the reactor of minimum sizes IRGIT. Power tests of a developmental type of a nuclear reactor (pp. 271-278). Third Branch Conference "Nuclear Power in Space".
64. Degtyaryova, L. S., Parshin, N. J., &Popov, E. B. (2003). Research of geo-

metrical and hydraulic characteristics in fuel elements sections of NRER (pp. 17–21). Collection of works of Tsniiatominform.

65. Deryavko, I. I. (2004). Serviceability of rod ceramic fuel elements on engine modes of NRE reactor. Vestnik NNC RK. edn., 4 (20), 90–98.

66. Ponomarev-Stepnoy, N. N., Rachuk, V. S., Smetannikov. V. P., & Fedik, I. I. (2005). Space nuclear power and power propulsion systems on the basis of the reactor with external transformation of heat in a hard atomic zone (pp. 45–51). The International Conference "Nuclear Power in Space-2005".

67. Mihajlov, V. N., Ponomarev-Stepnoj, N. N., Fedik, I. I. et al. (2005). Prospects of nuclear space energy use in the next century (pp. 11–17). *International Conferences "Nuclear Power in Space—2005", Moscow, Podolsk.*

68. Barinov, S. V., Daragan, I. D., Kaminskij, A. S. et al. (2005). Concept of the interplanetary atomic power station for development of Mars on the basses of high-temperature reactor with turbogenerator energy transformation on a gas cycle of Brighton (pp. 498–504). Moscow, Podolsk: Nuclear Power in Space.

69. Demjanko, J. G. Konuhov, G. A., Koroteev, A. S., Kuzmin, E. P., & Pavelev, A. A. (2001). *Nuclear rocket engines* (p. 413). Moscow: Open Company "Norm-inform".

70. Koch, C. C. Ovud'ko, I. A., Seal, S., & Veprek, S. (2007). *Structural nanocrystalline materials: Fundamental and application* (p. 364). Cambridge: Cambridge University Press.